阅读成就思想……

Read to Achieve

さわってわかる機械学習
Azure Machine Learning 実践ガイド

微软Azure机器学习实战手册

千贺 大司（Hiroshi Senga）
[日] 山本 和贵（Kazuki Yamamoto）◎ 著
大泽 文孝（Fumitaka Oosawa）

[日] 笹木 幸一郎（Koichiro Sasaki） ◎ 编审
佐藤 直生（Naoki Sato）

贾硕　魏宁 ◎ 译

中国人民大学出版社
· 北京 ·

图书在版编目（CIP）数据

微软 Azure 机器学习实战手册 /（日）千贺大司，（日）山本和贵，（日）大泽文孝著；贾硕，魏宁译. -- 北京：中国人民大学出版社，2017.11
ISBN 978-7-300-25095-3

Ⅰ．①微… Ⅱ．①千… ②山… ③大… ④贾… ⑤魏… Ⅲ．①机器学习—手册 Ⅳ．① TP181-62

中国版本图书馆 CIP 数据核字（2017）第 257498 号

微软 Azure 机器学习实战手册
　　千贺大司
[日]　山本和贵　著
　　大泽文孝
贾　硕　魏　宁　译
Weiruan Azure Jiqi Xuexi Shizhan Shouce

出版发行	中国人民大学出版社			
社　　址	北京中关村大街 31 号		邮政编码	100080
电　　话	010-62511242（总编室）		010-62511770（质管部）	
	010-82501766（邮购部）		010-62514148（门市部）	
	010-62515195（发行公司）		010-62515275（盗版举报）	
网　　址	http://www.crup.com.cn			
	http://www.ttrnet.com（人大教研网）			
经　　销	新华书店			
印　　刷	北京宏伟双华印刷有限公司			
规　　格	170mm×230mm　16 开本		版　次	2017 年 11 月第 1 版
印　　张	14.75　插页 1		印　次	2017 年 11 月第 1 次印刷
字　　数	145 000		定　价	65.00 元

版权所有　　侵权必究　　印装差错　　负责调换

推荐序 1

入门捷径，升级指南

AI 人才是分层的。跟很多其他领域的开发技术不一样，目前无论在中国还是在国际上，学校教育在人工智能方面被证明是比较成功的。因为学校教育相对比较严谨，因此对于变化特别快的领域，学校教育有先天的劣势。比如 Web 前端的开发，几乎每半年就有一个新的风向，让学校教育去跟着这个变化跑，显然是不合适的。但是人工智能、机器学习领域不太一样，它建构在坚实的数学和统计学基础之上，虽然创新层出不穷，但是基础相对是稳固的、成体系的，特别适合高等学校教学模式。

问题在于，学校教育的供给量严重不足，导致市场上人工智能人才严重匮乏。供需的缺口抬升了人工智能技术人才的薪资水平，也促使越来越多的人想学习人工智能。对于半路出家的技术人员来说，未必要像在学校里那样一板一眼地往前走，而是要尽可能发挥自己有经验的长处，通过不断的实践来学习。

一般来说，一个人要入门，首先要学会一点 Python 语言，刷一刷数学基础，然后从最简单的线性回归算法开始，一边学理论一边做例子，一步步掌握更复杂的算法，直至攻克深度学习。目前，很多面向开发者的机器学习课程都是这样一个模式。这个模式怎么样？事实证明是可行的，但是并不是没有问题。我就听到一些学习者跟我反映，说做案例和作业的时候经常感到很困难，因为太多的难点纠缠在一起了。比如也许你对算法本身理解了，但是卡在 Python 上，或者卡在数据处理上。另一方面，局部问题容易攻破，整体视图难以形成。

我觉得这些还是工具问题，是工具可以解决、应该解决的问题。

Azure Machine Learning Studio 就是这样一个工具。微软在可视化开发工具方面一直走在最前面。面对机器学习的大潮，微软推出了 Azure Machine Learning Studio。我第一次看到有人在我面前展示它的用法，一方面觉得很惊讶，能够把那么复杂的机器学习流程变得如此轻松易用；另一方面也觉得有些疑惑，如果大家都拖拖拽拽就做完了，那谁还能学到真正的底层算法呢？这样的"人才"能放心用吗？

看了这本书的大致内容，我的疑问得到了解答。Azure Machine Learning 作为当前可视化操作程度最好的工具，实际上并不是代替用户思考，也不会损害用户的控制力，而是帮助你尽快形成一个整体解决方案。从这本书来看，这个工具相当强的功能在于数据的探索性分析（EDA）和整理（wrangling），这无疑对任何机器学习开发者来说都是一个巨大的福利。而通过可视化的工具，用户可以在 Machine Learning Studio 中很快建立一个整体的架构，获得全局视图。这些工作的重要性，怎么强调都不过分。在一个机器学习系统中，特别是大数据环境下，良好的数据质量，合理的整体架构，往往比算法重要得多。当然，在这个基础之上，用户仍然可以进行细致的调参，甚至进入到代码层面进行精细的调整。

因此，在我看来，无论是初学者还是有一定经验、正在爬坡的人工智能学习者，可以尽早接触 Azure Machine Learning 工具，它能帮助你提高效率，合理分配精力，尽快形成大局观。这对于初学者来说，是一条入门捷径，而对于稍有经验者来说，也是升级的指南。

蒋涛

CSDN 创始人、极客邦创投合伙人

推荐序 2

程序员的未来之路

5 年前，当我们还在微软工作的时候，在一个讨论会上曾经有人提出这样一个观点："真正程序员的门槛在提高，而不是降低。未来，只有那些开发工具系统、开发平台系统，或者使用机器学习方法解决实际问题的角色才能被称为程序员。"在当时，99% 的程序员用 Visual Studio，或者用 Emacs；用 Asp.Net、PHP，或者用 MFC，日复一日写着平淡无奇的业务逻辑代码。那时那刻，这个看似"极端"的观点，对于大部分程序员来说就像晴天霹雳，宣告了 99% 传统程序员黯淡的职业前景。

此时此刻，回首过去这 5 年，那个"极端"的观点还并未成真。然而，它的确精准地预测了一个正在加速发生的大趋势：机器学习新方法日新月异，机器学习工具层出不穷。与之相应的，我们看待传统问题的角度也发生天翻地覆的变化，越来越多的实际问题可以转化为机器学习问题来解决。特别是，在最近一波深度学习掀起的 AI 热潮中，底层工具框架如 TensorFlow、MXNet、Caffe2 等将机器学习系统的构建过程完全 API 化，从而进一步将机器学习，特别是深度学习提升到编程范式的层次。构建网络结构即为编程，编程即为网络结构构建。

在这样的大趋势下，传统程序员们该如何"升级"自我，迎接下一个 5 年挑战？5 年前，这的确是一个问题。如果一个传统程序员想投身机器学习的开发，他首先需要采购一台或多台足够强大的服务器，来提升计算效率，缩短开发周期。除此之外，对于大部分实际问题，十有八九他要重新造一些轮子，或者在一些还远未成熟到可以上天入地的开源工具上缝缝补补，才能完成一些基础工作。更糟糕的是，数据在云端（公有云或者私有云），把机器学习框架和大数据相连接可并不总是一件"小"事情。

值得庆幸的是，伴随着公有云平台 5 年来突飞猛进的发展。机器学习工具也如其他基础设施一样成为公用云不可分割的一部分，比如本书所介绍的 Azure Machine Learning。在 Azure 上，Azure Blob、Azure SQL 和 Azure ML 无缝集成。我们无需再费尽心思地思考如何连接数据和工具，因为他们无时无刻不相连。同时 Azure ML 以一个 PaaS 的姿态展现在我们面前，需要多少计算力支持模型训练对于我们是完全透明的，也无需操心。最后，最重要的是各种强大且成熟的轮子已经全面就位，从数据清洗、特征工程、模型选择到模型部署，甚至连结果展示（Data visualization on PowerBI）、推荐解决方案（Recommendation engines for end to end scenario），以及最终盈利模式（Selling model on Azure Marketplace）都已经融入到 Azure ML 上下游中。

在此向每一位立志在未来成为一名"真正程序员"的小伙伴们推荐《微软 Azure 机器学习实战手册》一书. 希望大家能借用 Azure ML 这杆利器，完成自我升级。

魏颢

码隆科技 研发副总裁

编审序

在这一年的时间，很多顾客向我们表达了想在微软 Azure 平台开展机器学习（Machine Learning）的计划，或想通过微软 Azure Machine Learning（Azure ML）的技术进行机器学习验证的意愿。网络新闻以及 IT 杂志多次介绍到"机器学习"一词，现在"机器学习"已经成为在社交媒体以及书签服务当中备受关注的流行语。

然而，实际上，真正开发过机器学习服务系统平台或业务 App 的人并不多。与关注机器学习的人数相比，从事研发的人数少得甚至可以忽略不计。很多人都在考虑，如果有机会，希望可以尝试一下创建机器学习模型，但是这些人要么不知道从何处入手，要么不清楚机器学习建模的效果怎样。我想，捧着这本书看到这里的读者是不是也都面临着同样的问题呢。

微软的 Azure ML 是可以快速创建机器学习 App 的云端服务平台，其中还包含可以使用该服务基本功能的免费套餐。Azure ML 可以以图表的形式掌握"现在在做什么""得到了什么样的结果"等信息；并且作为标准功能，Azure ML 具备各种数据统计方式及多种机器学习算法。除此之外，Azure ML 还能够以 REST（Representational State Transfer）应用程序编程接口（Application Programming Interface，API）的形式公开已完成的机器学习处理方法，并拥有使用浏览器或者 Excel 的任意数据对 REST API 进行检测的辅助功能。换言之，有一个浏览器就可以通过四则运算完成神经元网络等各种各样的处理，也可以从 App 上进行实际操作检验已完成的处理。这些特色可以大大提升初学者的学习曲线。以前，别说将机器学习编入到实际的 App 程序当中，就连实现一边运行一边学习这一目标都很难。但是现在,通过使用 Azure ML 进行实际操作,就可以轻松踏入机器学习的大门。

本书通过实际接触机器学习服务来加以理解,我觉得这是了解机器学习服务的第一步。实际上,本书作者大泽先生在书中加入了他本人接触 Azure ML 时不理解的以及难理解的内容,所以我觉得这会有助于其他学习者的理解。另外,FIXER 公司曾多次举办过 Azure ML 的实操研讨会,虽然是收费活动,但是每次都座无虚席。本书当中也加入了在收费学习会上说明的操作要素,因此书中内容具有很强的实操性。所以希望大家能够打开浏览器,一边翻阅本书,一边对照 Azure ML 的操作流程来学习。

"机器学习"以及包含机器学习的"人工智能"(Artificial Intelligence,AI)成为了流行语,还有很多人觉得"只要输入数据就会得到最合适的答案",这是目前的现状。但是,今后随着越来越多的人对如何使用机器学习服务系统有了更深入的了解,并且随着具有机器学习服务相关知识和经验的技术人员不断增多,预计机器学习的实际应用会变得更加普及。其中,适合使用机器学习服务的对象和难以使用机器学习的对象分类会按照具体实例变得更加详细。现在也开始出现了将机器学习纳入到系统的"需求建议书"中的方案,相信跨越鸿沟的那一天就要到来了。不管在系统当中使不使用机器学习,只要进行实践就可以用自己的语言来评价好坏,并且可以判断为了进行更深入的研究还需哪些技能 [实际上本书中的实践并不是以深度学习(deep learning)、学习模式的改善、各项业务域名的对象为前提的,要想达到熟练水平还需要其他途径]。

我相信,本书可以帮助大家更好地理解机器学习进而推动实际应用。那么接下来,我们就进入机器学习的世界开始翱翔吧!

笹木幸一郎 佐藤直生
微软日本股份有限公司

前　言

大概从 2014 年开始，在我们周围越来越多地听到和看到"机器学习"这个词。微软公司推出的通过图形用户界面（Graphical User Interface，GUI）工具就可以轻松实现机器学习的 Azure ML 于 2014 年 6 月首次对外发布，并于 2015 年 2 月开始提供通用版本（General Availability，GA），之后我感到"机器学习"这一概念快速传播开来。

2015 年 5 月，在微软日本股份有限公司举办的面向日本国内技术人员的最大盛会"de：code2015"上，我们几位介绍了 Azure ML 成功预测出超过 100 万用户脱离智能手机游戏（退会）这一案例。并且于同年 10 月，我们在日经 BP 社主办的学习交流会"从零开始了解'机器学习'实践讲座"中担任了讲师，就 Azure ML 如何实操进行了现场解说。通过这些活动，一方面大众对我们 FIXER 公司有了更多的了解，另一方面 FIXER 公司也获得了来自日本知名企业的诸如"希望使用机器学习预测器械、机器故障并进行预防""希望使用机器学习创造机器人人工智能"等委托项目。

本书旨在将机器学习应用到现实的商业当中，并将其转变为商品或服务，而不是单纯地将机器学习捧为流行语。换言之，我们出版本书的目的并不是追求学术价值，而是为了让大家能够使用、活用机器学习，不落后于时代变革的潮流，甚至能够引领时代潮流。希望通过本书，工程师以及商业人士能够发明出使用机器学习的新型服务，或者从数据中发现以前被忽略的新视角。

以前，一提到机器学习，就会想到是那些被称为"数据科学家"的专业人士使用的专业工具，但是如今情况会有所不同。奋战在商界的企业家们可以对数据进行直接分析，让使用数据的服务以及搭载人工智能的服务开始成为可能。可以说，企业家和数据科学家之间在认知以及理解上的障碍已经消除。初级的系统工程师和开发商很难涉足的数据分析、推荐引擎以及人工智能的开发和使用难度也会大幅下降。

"统计"一词自公元前诞生于埃及以来已经发展了 3000 多年，机器学习的理论基础自出现至今已经过了 40 多年，但在商业中的实际应用可以说依然非常受限。我们几位常年从事股票数据的分析，通过各种方式对市场动向及个别股票产品进行预测，但是仅仅依据从金融工程学以及统计学中导出的现有理论，很难获得高水平成果。

简单一提的是，过去在未来市场预测方面能够取得较高水平成果的方式，是把几十台服务器联接起来，使用计算机进行大量的运算，分析离散数据而不是分析函数数据。而现在，随着摩尔定律的不断发展，计算机的处理性能以及计算资源也在不断扩大。自从进入了云端时代，即使是个人也可以在短时间内以较低成本同时使用几十台甚至几百台服务器。

与此同时，现在可以以较低的成本储存大量数据。比如，当今世界很多人都使用智能手机，谷歌、苹果公司的以及手机 App 开发人员每时每刻都能收到来自世界各地的几亿部智能手机中的大量数据。除此之外，每隔几分钟或者几小时，就能收到来自几百万辆、几千万辆汽车以及家电产品的注册信息。如果是在 10 年之前，收集、存储如此巨大的数据是不可能的。10 年前，1TB 容量的企业版高速存储器价格超过 1 亿日元，但是现在，不到 1 万日元的硬盘（Hard Disk Drive，HDD）的容量就已经超过了 1TB。2016 年 4 月，Azure 的存储服务价格标准为：使用 99.9% 的服务级别协议（SLA）用三块硬盘备份的设备，1GB 平均每月 228 日元。

前言

当今时代，机器学习已经能够使用存有大量计算资源以及大量数据的系统，像以"分析并活用大量数据"为标题的新闻急剧扩散开来，预示着近几年的发展动向。另外，机器学习自诞生以来经过了几十年发展，相关的观点及方法论再次受到世人瞩目。以前，受计算能力的影响，只能做一些很简单的事情，并未取得很大成果。但是现在可以使用大量数据让机器在短时间内学习，可以说现在和以往已经截然不同，能够让计算机对未来进行预测和判断。

另外，进行机器学习的环境以及工具以前是专业人员所擅长的，但是微软公司通过 GUI 基础让其得到飞跃性简化，现在很多人都可以使用机器学习工具。1975 年，比尔·盖茨和保罗·艾伦创建了微软公司，并凭借 BASIC 代码名声大噪。之后的几年又向 Visual Basic 发展，推动社会发展成为谁都能轻松使用 Windows 和 GUI 软件的世界。另外，在 Windows 95 中安装配备 TCP/IP 和网站浏览器，为网络的普及作出了巨大的贡献。现在，通过云端服务的微软 Azure 以及在此基础上运作的机器学习"Azure ML"，使得世界逐渐向计算机为具有知性的人类提供援助的方向发展。

新的历史一页才刚刚翻开，让我们一同朝着机器学习创造的新世界迈进吧！

千贺大司

目 录

第 1 章　什么是机器学习 /1

明晰机器学习 /2
　　机器学习概述 /2
　　机器学习流行的"原因" /4
　　将机器学习用于商业的方法 /5

消除对机器学习的误解 /9
　　机器学习通过数据进行判断 /9
　　机器学习是"系统" /11
　　机器自己会变聪明吗 /12
　　必须决定"特征向量" /12

开启机器学习之旅 /14
　　机器学习专用工具 /14
　　无须编程就可以使用的 Azure ML /15
　　即使如此，依然想编程 /17
　　通过判断目标来选择分类器 /17

第 2 章　收集数据 /19

使用公司内部数据 /20
　　日志文件等历史数据 /20
　　非时间类型数据 /22

使用公开数据 /22

DATA.GO.JP/22
DATA.GOV/23
Twitter/23
GitHub/35

第3章　通过 Azure ML 创建机器学习模型 /39

Azure ML 的基本操作 /40
注册 Azure ML Studio/40
在工作区进行操作 /41

机器学习的方法 /43
在 Azure ML 中进行机器学习的流程 /43
创建机器学习模型时 Experiment 的编辑界面 /45

机器学习模型的构成和种类 /47
学习逻辑 /47
计算逻辑 /48
学习组件的种类 /48

第4章　使用回归分析预测数据 /53

什么是回归分析 /54
本模拟所实现目标 /54
本模拟所建模型 /55

上传用于分析的数据集 /57
下载 CSV 文件样本 /57
将 CSV 文件作为数据集进行上传保存 /59

新建 Experiment/62

添加和调整所要分析的数据集对象 /64
添加数据集 /65
将范围缩小至使用列 /70

修复受损数据 /75

分离学习用数据和评价用数据 /80

构建学习逻辑 /83

　　　构成回归分析的组件 /83

使用已训练模型预测评价用数据 /87

　　　使用评分模型进行数据预测 /88

　　　确认预测值 /91

第 5 章　尝试使用已建回归分析模型 /95

使用已训练模型进行计算 /96

　　　上传用于计算的数据集对象 /96

　　　在评分模型右上方输入数据即可得出结果 /97

保存已训练模型，使其在其他 Experiment 中也可以使用 /99

　　　保存已训练模型 /100

使用已训练模型进行预测 /102

　　　新建用于预测的 Experiment /102

　　　创建可进行数据预测的机器学习模型 /103

　　　观察运行结果 /105

以 CSV 形式输出 /106

　　　数据转换组件 /107

第 6 章　提高预测精度 /111

提高预测精度的方法 /112

确认目前的预测精度 /113

　　　使用评估模型对分析结果进行评价 /113

　　　确认评价结果 /115

更改参数提高精确度 /117

　　　更改 Linear Regression 的参数 /117

3

优化学习组件 /119
　　可用于回归分析的学习组件种类 /119
　　更改为贝叶斯线性回归 /120
使用有限的学习数据进行检验 /123
　　使用"Cross Validate Model"组件 /125
　　确认"Cross Validate Model"的评价结果 /126

第 7 章　通过统计分类进行判断 /129

什么是统计分类 /130
　　本模拟所实现目标 /130
　　本模拟所建模型 /131
用统计分类创建分类机器学习模型 /132
　　新建数据集 /132
　　新建 Experiment /134
　　创建数据集 /134
　　构建学习逻辑 /137
　　预测和评价 /139
确认和反思学习结果 /141
　　确认使用评价用数据得出的结果 /141
　　评价统计分类的学习结果 /142
　　使用其他统计分类学习组件 /146

第 8 章　用聚类方法判别相似数据 /151

什么是聚类 /152
　　本模拟所实现目标 /152
　　本模拟所建模型 /154
创建可通过聚类分析分组的机器学习模型 /156

新建数据集 /156

新建 Experiment/157

添加数据集 /158

构建学习逻辑 /161

确认分组结果 /164

将用于评价的数据加入到已训练的学习模型中 /167

第 9 章　活用实验结果 /173

Web API 化 /174

数据可视化/178

第 10 章　让机器越来越聪明 /179

进行模型的二次学习 /180

用 Web API 更新公开的分类器（模型更新）/187

附录　使用 Azure ML 的方法 /201

创建环境 /202

创建 Microsoft 账户 /202

激活订阅 /203

登录 Azure/208

云优化您的业务 /208

创建工作区 /210

访问 Azure ML Studio/211

关于收费 /213

免费使用 /214

第 1 章

什么是机器学习

虽然机器学习并非可以解决所有问题的"魔法杖",但是用好了机器学习可以实现许多迄今 IT 技术无法实现的事情。比如,研制出通过声音识别以及面部识别技术可以像人一样回答提问的机器人、在国际象棋以及围棋方面能够战胜人类的人工智能,这些都是机器学习的应用实例。

关于机器学习的定义,非常有名的是阿瑟·李·塞缪尔(Arthur Lee Samuel)于 1959 年提出的"即使不通过明确的编程也能给予计算机学习能力的研究领域"这一种说法。由于没有统一的意见,能够明确解释"机器学习到底是什么""机械学习这个词指的是什么意思"的人几乎不存在。因此,本书从稍微不同的视角对机器学习进行解释说明,希望便于大家理解。

明晰机器学习

机器学习概述

当初我也想研究一下什么是机器学习，于是就在网上进行了查阅，却发现有很多说法和概念交织在一起，其中最具代表性的诸如"支持向量机""感知机""决策树""贝叶斯推理""遗传编程""深度学习""人工智能""神经网络""统计""数据挖掘"等。由于一下子出现了很多专业术语，所以就算不深入探究"机器学习到底是什么"这一问题，我在网上查资料的时候，也往往会越查越糊涂。虽然"有老师"和"没老师""核方法"和"维度灾难"等概念的详细内容会随着学习慢慢了解，但是我们在刚开始一定要理解"机器学习的本质"，这是非常重要的。如果不过分追求严谨性，只是简单对机器学习做一些说明的话，可以总结出以下内容。

机器学习就是"模式识别"

相关研究人员知道了这样的结论可能会不认同，但是我觉得这样简单地思考会更易懂一些。在模式识别过程中，从数据中抽取出"特征"，并将抽取出的"特征"与"识别字典"进行比较，判断与对比对象是否一致。

下面是通过机器学习得以实现的一些实例。

- 抽取出面部照片的特征，判断与其他图像的面部是否一致或类似→图像识别 API。
- 抽取出声音特征，识别该声音与登记的本人声音是否一致→声纹识别服务。
- 抽取出讲话声音（音位）的特征，与单词或语法字典进行比较→声音识别工程。

谈及机器学习，我们经常提到的一个例子就是推荐引擎。推荐引擎也是寻找具有相似属性以及行动模式的人，并向一致性高的人推送他人购买过的产品。

另外，用于检测违法使用信用卡以及非法访问服务器的机器学习"异常检测"（违法检测）也是同样的原理，抽取出信用卡使用以及服务器访问的特征，当出现与平时不一样的模式时，就会判定为违法使用。

然而，在进行比较时使用的"识别字典"，与我们一般考虑的字典所指内容不同。由于比较方式的不同，判断、识别的精准度会出现巨大区别，所以不能单纯使用图像的位图以及声音的波形。比如说，使用 K 近邻算法（K Nearest Neighbor，KNN）以及感知机这样的方式和想法时，这些方法使用"特征向量"以及"显示原型"（prototype），其中作为比较对象的"识别字典"所指的内容就是向量以及阈值函数。

如果将机器学习认为是模式识别，那么在这一理解基础之上，可以认为剔除较难理解的内容是机器学习进行的处理。

寻找各种数据的特征并自动对数据"分类"

机器学习会进行复杂且高难度的模式识别处理。从稍微专业的角度来说，即使在较简单的一元线性回归分析当中，通过进行由多个参数组合向复合假设（由直线向面再向空间）次数提升处理，未来预测的精准度也会得到大幅提高。"气温升高变热，啤酒就卖得好""夏天气温偏低，啤酒就卖得不好"，如果只是从气温和销售量的关系模式对销售情况进行预测的话，由于过于简单，精度不会太高，但是如果加上湿度、星期、天气、气压等其他的复合参数，就会捕捉到更加精确的模式，也就能对销售情况进行更精准的预测。

也就是说，即使是简单的模式识别，通过进行组合，也能得到完全不同的结果。仅仅是提高组合的复杂程度，计算量就会等比扩大。因此，在云端时代的当今社会，按照以往的计算能力无法实现的模拟，由于可以轻松获得大量的计算资源，所以很多模拟都能够得以实现。

机器学习流行的"原因"

为什么现在机器学习能发展成一种潮流呢？其中一大原因就是，随着存储成本越来越低、存储空间越来越大，很多企业开始选择将大量数据进行存储。

为了充分发挥被存储数据的价值，最初是采用数据挖掘这样的方式来进行数据解析的。但是由于数据挖掘能力有限，所以人们开始把焦点集中在机器学习身上。然而，以前安装在计算机中的 CPU 数量很少、性能也不高，就算是想让计算机通过庞大复杂的计算进行机器学习，由于会花费大量的时间和金钱，所以未能流行起来。

然而，从大约 10 年前开始，随着以 Hadoop 为代表的分布式系统基础架构数据分析技术的渗透，高性能 CPU 及多核并发处理机制得以普及，将用于图像处理的并发处理 CPU 开始用于数据处理，由此机器学习在硬件方面以及性能方面都得到了极大的改善。

随后，出现了云概念，个人以及企业不用再介意自己所拥有的计算资源受限制，如果有了服务器、机器学习的中间件配置、R语言等基础设施，以及数据分析相关的技术和知识，就具备了可以进行大规模机器学习的环境。

之后，随着在本书中所介绍的微软"Azure ML"登上时代舞台，人们连开始机器学习时的基础设施知识以及数据分析专业知识也都不怎么需要了。

由此，当普通人也能掌握机器学习技术时，机器学习也就流行开来了。

将机器学习用于商业的方法

英国牛津大学的迈克尔·奥斯本（Michael Osborne）在2013年发表论文指出，在今后的10~20年的时间里，人类47%的工作都将被机器人或者计算机取代。该论文让世界为之震惊，因为其结论是根据美国劳动部统计的数据，针对702种工作进行详细分析后得出的结果。

在这里非常重要的一个关键词就是"自动化"。需要进行思考和创造的创新型工作由人类来完成，而基于人类判断的体力作业由机械或者机器人"自动"完成。但是，今后随着人工智能的发展，人类思考判断的环节也可能被计算机替代，那时人类能做的就只有那些需要创造性的特殊工作了。

在纯体力劳动领域，人类和机器人的分工已经非常明确了，随着今后人工智能和机器学习的不断发展，分工趋势会进一步加速。一个非常典型的例子就是窗口业务的机器化。比如，在美国的微软总部，微软研究中心（Microsoft Research Center）研发的人工智能机器人可以在会议室进行引导，其工作模式并不是通过输入文字或者在触摸板上进行选择，而是通过语音对话的形式来确定与会者，然后通过网上的Office 365日历进行确认，从而将其引导至对应的会议室，或者引导其进行ID的核对。另外还有面部识别技术和声音识别技术，不管哪一种方式，就算是不进行详细说明，机器人也会为我们进行引导。

报刊上曾针对日本国内的大型银行以及地方银行不断引进机器人做过多次报道。另外，虽然导入 AI 的案例还比较少，但是在我们工作的 FIXER 公司，有很多客户提出"希望能引进一些可以像人类一样进行引导的、能高效工作的机器人"这样的要求，所以 FIXER 公司正在致力于开发使用机器学习并与云端合作的 AI 技术。

机器学习多用于数据分析，而人工智能用于模仿人类，乍一看可能觉得两者并没有什么直接关系，但是通过使用机器学习的学习模式、识别模式并进行预测的功能，可以使机器学习人工智能化。由此，机器学习可以在数据分析之外的范围内大展身手。虽然机器学习看上去像是单纯进行数据分析的方式和工具，但是其以各种数据为切入点，可以让结果获得人工智能化呈现。

比如说，通过复印机的使用日志可以进行故障预测数据分析，从而自动收集日志并进行分析，再根据预测结果制定故障预防行程表及解决方式，如果发展到可以在一大早向负责人的手机发送画面提示或者语音引导，那完全就可以称之为人工智能了吧。

通过机器学习进行数据分析后，再将分析结果人工智能化，并应用到服务当中。立足于这一观点，可以催生出许多全新的服务。首先收集数据，然后分析数据，再将分析结果用于服务之中，从而产生新的商机。让我们从这一角度出发努力下去吧。

2016 年春天，微软公司每年的例行盛会"Build 2016"在美国旧金山召开。在该活动中进行了很多新品发布，其中最受瞩目的一个就是微软认知服务（Microsoft Cognitive Services）。

微软认知服务是将机器学习作为学习引擎，将各种各样的识别引擎作为 API 的一项服务。其提供的认知服务 API 主要分为以下几种。

- 影像（Vision），包括识别面部、从照相机或者静止画面中的表情中读取感情、识别画面中的文字。

- 语音（Speech），包括将语音转化为文字、将文字转化为语音、理解讲话内容中的"意图"。

- 语言（Language），如提供语言理解模式和会话引擎从文本中识别关键句和主题。

- 知识（Knowledge），如提供可将点击模式、访问模式、购买历史等复杂信息与各种数据进行匹配的推荐引擎以及语义检索功能，或者提供可以根据上下文正确理解自然语言当中意义模糊的语言。

- 搜索（Search），以必应搜索为基础的检索推荐功能、提供搜索图像、新闻、动画等检索功能。

下面是使用上述服务的例子。

感情识别

图 1-1 是微软在"Build 2016"旧金山会场中设置的画面。大型液晶显示器上部安装着 Web 摄像头，人们站在摄像头前面，然后从拍摄的人像中只截取脸部，自动识别面部表情是愤怒、悲伤，还是震惊。

比如说，如果应用这项技术，可以在使用视频会议系统的时候识别使用者是满意还是不满意，从而可以收集数据计算顾客满意度。

从面部图像识别年龄

该服务是通过上传面部图像，从而推算出图像中人物年龄。比如，在卖烟酒的网站以及便利店里，可以让计算机具备识别年龄的功能。

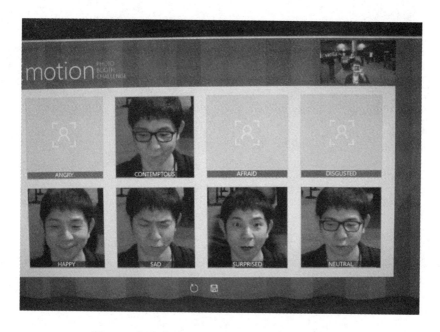

图1-1 旧金山"Build 2016"会场情感识别画面

通过面部识别进行关锁和开锁

一般关锁和开锁是使用指纹认证或者IC卡认证,但是对用户来说可以方便使用的生物识别技术就是面部认证。在门前站着等一会,或者在走廊走的这段时间内通过摄像头进行面部识别,就可以让门自动解锁,像这样的系统是可以实现的。

以上服务都是使用机器学习,随着使用人数不断增多,所积累的数据也会不断增多,服务就会愈加完善。在微软认知服务中,开发者无需直接构建机器学习模式,或者让机器二次学习(微软公司在后台自行操作),但是希望大家能对使用机器学习的服务或者物品有个印象。

消除对机器学习的误解

由于机器学习集合了很多方法和想法，所以不同的人根据自己使用的工具以及获取信息的不同，也会有不同的理解，甚至会产生一些偏见。比如，之前所说的面部识别是通过机器学习实现的，但是，如果使用在机器学习中常用的 R 语言进行编程，设定为统计处理的话，面部识别服务和机器学习看上去就完全不一样。人工智能也是使用机器学习得以实现的一个例子，但是很多人可能没有发现，人工智能是使用机器学习的回归分析和统计分类而得以实现的。

在上一节中，我们已经针对机器学习基本的及重要的概念进行了阐述，因此在本节想要围绕"对机器学习的误解"进行讲解。

机器学习通过数据进行判断

让机器学习什么最重要呢？是"参数的调整""模式的组合方式"，还是"分析算法的选择"？

以上答案都不正确。最重要的是输入的"数据"。机器学习是通过数据进行判断的一种方式，所以甚至可以说，没有数据，什么都无法实现。

我经常听到一种说法，即"虽然没有数据，但是想尝试一下机器学习"，这只是表达出了想开展机器学习的一种迫切需求。但是，请仔细思考一下，因为机器学习是以得到某种结果数据（即分析主题）为目的的方法，所以没有输入的数据是无法开始的。就好比有电饭锅，但是没有米和水这些原料的话，依然是没有办法蒸饭的。

所以，首先要决定"想要刚蒸好的香软可口的米饭"这一主题，然后保证有水和米饭这些原料之后，才可以开始。分析模式相当于电饭锅，如果使用 Azure ML 的话，就很容易准备好。在机器学习中，思考"如何"分析之前，首先要思考以什么"数据"为基础，想要得到什么样的"结果"（如图1-2所示）。

图1-2　机器学习中先思考输入"数据"，再考虑"结果"

只要理解了编程语言SQL（Structured Query Language），即便不知道微软公司推出的关系型数据库管理系统SQL Server或者甲骨文公司（Oracle）的数据文件、优化程序或日志构造及机制，也可以将必要的分析加入编程当中。在大部分情况下，性能调优以及安全、可用性等是由专业工程师来处理的。从架构师的角度来看，他们内心真实的想法是，开发者与其考虑物理文件每秒进行读写操作的次数（Input/Output Operations Per Second，IOPS）的性能，倒不如写一些实际成本较低、简洁明了的SQL。

Azure ML也是一样的。微软已经准备好了分类器等大型模块的安装，在此基础上建模是非常简单的。因此在思考如何使用R语言编写复杂的自定义脚本之前（虽然之前已经说过了），首先要考虑想要从什么数据中得到什么结果。

另外，数据的量与质也很重要。少量的数据或者与预测结果关系不大的数据是无法得出具有可信性的结果的。应该尽可能多地收集数据（记录数）和项目（实体数），这是非常重要的。判断多少数据是必要的、哪些项目是有用的，会随着经验的积累慢慢找到感觉，因为在刚开始的时候进行事前判断是非常困难的。因此，刚开始尽可能多地收集数据，在此基础上让机器进行分析、学习的时候不断删除不需要的部分，这样的方式是比较有效的且较为普遍的方式。

或许有人会说："我手里没有这样的数据啊！"但是请放心，其实数据无处不在。针对如何收集数据，我们会在第2章中进行阐述。

机器学习是"系统"

机器学习不是单纯靠机器学习工具就可以实现的。只有当收集数据的方式、数据存储场所、机器学习工具、学习结果的可视化、从结果得到的反馈这些要素都具备了，才能作为一项有用的服务／系统进行运作。如果把这个看作和 SQL Server 等数据库管理系统（Database Management System，DBMS）一样的，就会容易理解一些。如果只是实验性的数据分析，就算是单质也有价值。但是数据是有生命的，如果只是通过过去某一时刻的快照进行分析，很难得出结论，也无法转化为服务或者商品。

在物联网（Internet of Things，IoT）中，如果电视和微波炉等家用电器、汽车及一体机等物品能和网络联接起来的话，就可以实现很多服务。作为 IoT 信息的收集源有 IoT 设备，之后通过通信网络收集大量数据并进行存储，将其作为机器学习的输入数据。得到的结果通过微软 Power BI 等可视化工具，让商业成员以及经营团队的人了解整体状况，并做出判断，或者向推荐引擎以及分析系统反馈分析结果。例如，IoT 设备是复印机，在分析的基础上可以决定最适合的预防对应日期表。

也就是说，机器学习与当下的统计处理及数据挖掘等不一样，因为机器学习并不是只关注和使用数据分析功能，仅仅是这一点的话，实在是浪费。因此，需要将机器学习看作一个系统是非常重要的。

将机器人看作人类用户界面（UI），可以将机器学习作为人工智能的一部分加以使用。听到声音后可以通过声音识别引擎进行识别，然后根据场合和具体的情况进行个性化回答，为了实现这一目标，需要使用机器学习。

当然，机器学习用于进行数据分析这一需求也可以加以使用，并且在使用之初，因为需要理解机器学习本身，所以在本书中，我们将手把手带你学习包括"预测"在内的数据分析内容。

机器自己会变聪明吗

在关于机器学习的误解之中，还有一种观点认为"机器会自发地越来越聪明"。这种观点总体上来说是正确的，但是也存在着一部分错误。

在机器学习中，创建人（人类）会使用"分类器"建模。分类器中有进行统计处理等程序，通过将各种分类器联接在一起，或者变更分类器的参数，引导机器导出想要的答案、正确的答案，从而完成建模。在这个过程中，为了接近自己想要的答案或者正确答案，可以通过组合分类器、改变顺序等方式来进行各种各样的调整。虽然为了准备、整理数据而进行前期处理，为了使用分析结果而创建环境这样的相关准备工作有很多，但是在最新的机器学习平台 Azure ML 中，工作的核心是创建、调整模型。

已建好的模型（算法）是无法随意改变的。随着数据的增加，基于数据的分析精度也会不断提升，预测结果会越来越精确。比如，使用"有老师的学习"这种方式，可以创建能够区分垃圾邮件和非垃圾邮件的模型，作为教师数据（学习数据）的教学数据越多，判断结果的精确度就会越高。但是模型本身是不会产生变化的，所以如果想要用完全不同的算法来从根本上改变判断标准，那就必须要重新创建模型或者改变模型。

在使用新积累的数据进行机器二次学习的时候，可以让模型变得越来越聪明。

必须决定"特征向量"

接下来将要说明正确理解机器学习时最重要的一点是什么。能否理解这一点会大大影响对机器学习的认识，虽然这部分内容有点儿难，但是希望大家一定要尝试着去理解。

如果有人给我们看一张猫的图片，我们人类很容易就会有一个猫的印象，但是计算机并不能理解和识别所展示的图片内容。图片中的内容是一只小小的猫也好，朝旁边看的猫也好，朝正面看的猫也好，人类都可以做出这是一只猫的判断。看到白旗上有一个红色的太阳，人类就能产生"国旗""日本"的理解。文字和声音也是一样的。人类看到写着"你好"的手绘画，就会产生"写着字""白天""问候"的认识。在快要停止营业的时候，如果店里播放"离别的华尔兹"音乐，从空气的震动以及波动中就可以理解到"停止营业"这一概念。

人类是如何从带颜色的光集合以及空气的震动、波动中理解"意思"的呢？这可能涉及脑科学相关知识。人类具有从外部接收的光以及声音信息中提取出特征，并正确认识、识别其中所蕴涵含义的功能。以什么为依据觉得那是一张猫的图片，以什么为依据理解那是表示停止营业的曲子，这个"依据"正是隐藏在图像以及声音等各种信息中的"特征"。

在表现各种事实和现象的数据中，如图像里圆点的集合、声音波形中被量子化的数据集合等，存在一种"特征向量"，用于体现特征。机器学习通过发现特征向量，指定理解特征的方法，从而得到答案。

在 Azure ML 中，特征向量不需要复杂的数学式。比如，在创建通过年款、颜色、大小来推断二手车价格的模型时，为了找到决定价格的特征向量，只需要指定年款、颜色和大小这三个项目即可。然而，我们并不知道，决定价格的因素是不是真的就是这三个，或者有可能是排气量，也可能是款式。在无数可能存在的要素之中，能决定哪些是决定性要素的，只有人类。

在垃圾邮件分类模型中，并不是指定某个项目，而是区分哪个是垃圾邮件、哪个是一般邮件，通过人工进行分类，作为教师数据（学习数据）赋予机器就好了。但是作为教师数据（学习数据）的分类作业，是由人手动完成的。

也就是说，在机器学习中，如何决定和判断数据所拥有的含义，是由人说了算的。为了研究机器学习的数据，科学家和工程师必须准备数据并决定如何判断数据的含义，然后以此为模型进行表达。

然而，实际上通过机器学习，可以让发现特征向量的工作也由计算机完成。这是另一种机器学习，被称为"深度学习"。给计算机展示不知道是小狗、小猫，还是桌子的照片，人不用特地去教，计算机就可以自动判断照片内容，这是可以通过深度学习得以实现的。

本书虽然不介绍太难的内容，但是在 Azure ML 中也可以通过 Net# 这种语言记录处理，从而实现深度学习。虽然计算量较大，处理起来花费时间，并且为了提高精度需要很复杂的操作，但是有兴趣的话可以尝试一下。如果不是自己制作的话，我们仍推荐使用微软认知服务。

开启机器学习之旅

以上是针对开启机器学习之旅前必须要提前了解的知识讲解。接下来将列举实际开始机器学习时使用的工具种类及其特征，并针对 Azure ML 进行深入介绍。

机器学习专用工具

要想开始机器学习，除了微软公司的 Azure ML，还可以使用各种各样的中间件以及工具，比如拥有丰富统计分析数据包 library 的 R 语言、拥有丰富机器学习包 library 的 Python 语言、SAS 等高昂的商用系统、MLlib 工具包等大数据处理框架"Apache Spark"的 OSS（Open-source Software）。另外，还有一个和上述工具与众不同的是，由 Preferred Networks 公司及日本电报电话公司（NTT）的软件创新中心共同开发的开源产品"Jubatus"。

2016 年 1 月，在麻省理工学院许可下，微软公司为了降低深度学习的使用门槛，将开源运算网络套件 CNTK（Computational Network Toolkit）项目公开在其官方博客 GitHub 上。热衷于研究机器学习和人工智能的谷歌公司也公开了 TensorFlow。除此之外，"Torch""Theano""Caffe"等项目也被同道中人开发、公开出来。Salesforce 公司也对外发布了收购拥有机器学习服务器产品的 PredictionIO 的消息。

在这么多样的工具、系统之中，Azure ML 就算没有高水平的统计及数据分析知识，也能够开始机器学习，并且能够实现灵活、高度的分析，是一个非常优秀的平台。我们在本书后面的章节将针对如何使用 Azure ML 的机器学习进行详细的介绍。

无须编程就可以使用的 Azure ML

使用 Azure ML 时无需记忆编程语言，仅仅通过鼠标操作和数值输入就可以使用，具体来说就是创建图 1–3 中的模型。Azure ML 的开发环境是使用 Web 浏览器的 Web 软件，所以只要有网和 Web 浏览器，几乎可以在任何环境中进行机器学习。

执行机器学习的计算机在云端上，所以不需要组装服务器和设置中间件。计算处理由云端的计算机执行，所以在操作 Azure ML 的计算机中，只要 Web 浏览器工作就可以，因此就算是最低配置的规格也没有问题。

配置好分类器等模量，用线联接起输出和输入，并输入模量最低限制的必要项目。如果熟悉的话，一分钟左右就可以完成图 1–3 中模型的组合。尽管之前说要从"系统"的角度来考虑机器学习，但是通过 Azure ML 可以轻松顺畅地实现系统化。

由于 Azure ML 是微软公司旗下被称为"Azure"的公共云端服务中的一项功能，所以不仅可以通过上传、输入 CSV 和 TSV 文件来使用，还可以在数据的输入端口和输出端口直接指定 Azure 的存储器。虚拟机上的 SQL Server 及 BLOB 存储器、SQL 数据库、SQL 数据仓库等不仅是 Azure 服务，还可以作为外部数据，通过 HTTP URL 导出 Amazon S3 的数据。

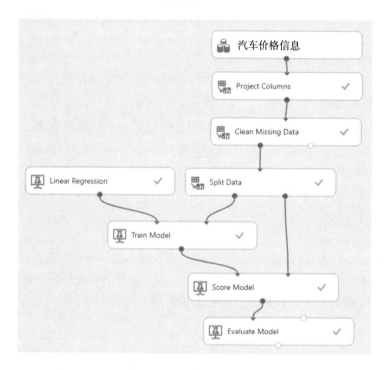

图 1-3　创建 Azure ML 模型

- Project Columns 指筛选列；

- Clean Missing Data 指补充缺失数据；

- Linear Regression 指线性回归模型；

- Split Data 指分为"用于学习的数据"和"用于评价的数据"；

- Train Model 指已训练模型；

- Score Model 指评分模型；

- Evaluate Model 指评估模型。

制作完成的模型可以通过 API 进行公开。比如，通过 Azure ML 创建推荐引擎模型，之后可以作为 REST API 轻松实现公开。由于是从量收费标准，所以刚开始不需要大规模的投资。如果不想做了或者不想要了，只需要删除模型和表格即可，之后也不需要再花钱。

即使如此，依然想编程

虽然不需要编程就可以使用 Azure ML，但是编程依然是可以实现的。首先，准备好记录 R 语言自定义脚本和记录 Python 脚本的组件；其次，还有超过 500 的 CRAN R 包，再准备好 OpenCV library。当依靠默认情况下准备的分类器无法满足时，或者已经熟悉机器学习，仅仅想作为一个执行环境或平台来使用时，Azure ML 就可以大展身手了。想通过使用 R 语言进行更深入的分析时，请登录以下网址参考相关文献。

https://azure.microsoft.com/ja-jp/aocumentation/artides/machine-learning-extend-your-experiment-with-r/

通过判断目标来选择分类器

在使用 Azure ML 创建模型之前，要在整理数据阶段明确"想要得到什么样的结果"及"想要预测什么事情"。根据以什么为依据进行特征判断、如何对结果进行分类，分类器的选择会发生改变。例如，是想要判断年龄及身高等"数值"，还是想判断性别等"标签"，根据判断内容的不同，所选择的分类器就不同。另外，在数据判断当中，有很多种类的分类器；在标签判断当中，既存在像性别这样二选一的选择，又存在像姓名这样的多项选择的分类器。

在 Azure ML 中已经提前预备了许多主流分类器，但是什么时候使用什么样的分类器，在习惯之前是很难一下子就明白的。此时，使用微软公司的"备忘单"

（Cheat Sheet）是非常便捷的。在备忘单中，已经事先将准备好的分类器进行了清晰易懂的整理，在选择分类器时可供参考（备忘单可以通过微软网站获得）。

刚开始，就算是通过备忘单进行确认，也可能很难确定合适的分类器。但是不用担心，首先可以从几个使用的分类器着手尝试，然后选择效果最好的一个。慢慢地就会找到感觉，之后不需要花费太多时间，就能够组装出最合适的模型。

第 2 章
收集数据

前面我们已经解释过，机器学习最重要的就是收集数据。如果你手头上已经有了完整的数据，那就没有什么问题了，但是当出现"没有数据"的情况时该怎么办呢？接下来，我们想从三个方面介绍应对方法：第一，使用公司内部（应该）存在的数据；第二，使用"公开数据"，由于有很多这种已经被公开可以自由使用的数据，所以接下来介绍几个代表性的；第三，通过 Twitter 和 GitHub 收集数据。另外，大家也可以尝试一下 SNS 分析和开发者的业务活动分析等。

使用公司内部数据

不管怎么说，如果问应该从哪里寻找数据的话，首先最应该使用公司内部拥有的数据。因为这可以直接和公司业务挂钩，甚至会催生出新的服务，或许还会有迄今谁都没有注意到的新发现。另外，退一步讲，最差也能将大家都熟知默认的一些东西形式化。

其实很多"没有数据"的情况是因为公司内部有很多数据被丢弃了，或者就算没有被丢弃，也很可能只是在那里一直积攒着，无人问津。所以在很多情况下，不是没有数据，而是有数据却没有充分利用，或者没有人发现这些数据罢了。

日志文件等历史数据

在被放置不管的公司内部数据中，最容易下手且最容易产生价值的是 Web 系统的日志文件。现在几乎没有不使用 Web 网站的公司，不管是 Apache 还是 IIS，默认情况下一定会输出日志文件。一般来说，由于 Web 服务器的日志文件是 CSV 的形式，所以往 Azure ML 中输入时也会更顺利些。Azure ML 是可以通过手边的计算机上传文件来加以使用的。

举个简单的例子，比如设置 EC 网站，就可以从以访问日志为基础的浏览网页、停留时间、PV 数等信息分析中识别出该访问者是不是潜在的购买对象。另外，就算不是 EC 网站，如果是将询问商品以及问询的网页作为跳转的目标网页，也可以从访问日志当中导出访问目标网页的前提条件或者相关联系（签约的关联性）。通过这种方式，可以更加精准地把握跳转对获取用户的贡献程度。

也可以考虑与公司内部 IT 部门取得联系，要一下日志文件。通常情况下，日志文件当中都不包含个人信息，从安全和规章制度的角度来看，使用门槛并不高。

然而，在 Web 服务器的日志文件中，由于没有直接表现"个人"以及"用户"的数据，所以可以将访问源头的 IP 地址作为用户 ID 来进行特定用户的识别。只要稍微下点功夫，从 Web 系统发放识别特定用户的 ID，并记录在日志当中，就能够分析跨时域（Session）访问。

如果在系统上再改善一下的话，就可以在 Web 服务器上安装 Fluentd，向 Azure 直接传送日志。Fluentd 是由日本工程师在美国成立的 Treasure Data 公司所开发出来的数据传送工具，在全球范围都被广泛使用，相信在读者当中也有很多使用者。Fluentd 具有很多功能和插入程序，既可以直接将日志存入 Azure BLOB 存储器上，也可以向 DBMS 转发日志。通过 Fluentd 不间断地实时输送数据，可以使用最新数据进行机器学习。如果向 BLOB 存储器和 SQL Database 发送日志，仅需要从 Azure ML 的 CUI 上进行设置就可以开启机器学习。

除此之外，如果在 Windows Server 上安装 Fluentd，那就可以抽取出 Windows 的活动日志进行转发。比如，使用机器学习的异常检测功能，可以检测文件服务器中的违法访问。

另外，虽然与本书内容稍有偏离，但是作为一种延伸应用，可以使用 Fluentd 的 "fluent-plugin-azureeventhubs" 这一插件程序，实现向 "Azure Event Hubs" 直接输送数据流。"Event Hubs" 是 Azure 的可伸缩订阅发布模式（Publish/Subscribe）服务，每秒可以处理几百万访问，也是在云端接收大量数据并分发的入口服务。从 "Event Hubs" 可以联接到 "Azure Stream Analytics" 服务，对比多个数据流，将以往数据值同流进行对比，从而进行流的处理，实现在开始机器学习之前的数据整理和统计。

非时间类型数据

除了日志文件，一些快照（snapshot）数据也是非常有用的，如顾客属性管理或者购买信息等数据。在同时拥有顾客和用户的企业当中，一定会有 CRM 系统。所以可以考虑首先从这些与用户联系大概有一年左右的数据开始着手。

因为 CRM 数据等包含一部分个人信息，所以在使用的时候需要特别注意安全问题，比如需覆盖掉个人信息。但是，在覆盖信息时千万要注意不要删除必要的信息。如果仅仅是通过 NULL 或者"****"来进行替换，有可能会导致无法找到相关联系。在覆盖姓名和住址的时候，需要通过单向 Hash 函数进行替换。在保持唯一性的同时，可以作为密钥来使用，然后再通过将出生年月替换为年龄或者所属年代，可以在保护个人信息的同时保留分析时必要的数据。

用户的流失分析是使用顾客数据的一种分析方式，用于分析有较高解约倾向的潜在顾客以及对解约具有较大影响的因素，这种分析也是机器学习非常擅长的一种分析。通过机器学习处理流失率较高的用户数据，可以以较高精度进行预测，在用户流失之前采取行动。

使用公开数据

当仅仅凭借公司内部数据无法满足需求，或者想要分析不同种类的数据时，抑或想要尝试分析 SNS 的数据时，可以使用在网络上公开的"公开数据"。

DATA.GO.JP

在日本内阁官房情报通信技术（IT）综合战略室的策划之下，现在有由总务省行政管理局负责运营的收集公开信息的网站（http://www.data.go.jp/）。

日本国土交通省的自动气象数据信息以及地上实况气象报道、总务省的网络通信量、各省厅的白皮书等政府持有的公共数据多样且庞大，总共超过了 16 000 件，这些文件基于《知识共享许可协议》（*Creative Commons Licenses*）[①]，可以被自由使用。除此之外还具有预览功能，能够提前确认内容后再下载。

DATA.GOV

2009 年成立的美国公开数据网页是日本公开数据网页的原型。在该网站上（http://www.data.gov/）可以获得并使用超过 19 万份数据，是日本的 10 倍多。

非常有意思的是，就连 1900 年以来的出生率统计以及访问白宫的几百万人的进入时间和姓名等数据都被公开，因此能够获得丰富多样的数据。

Twitter

还可以通过 REST API 或者 Streaming API 在 Twitter 上获取数据，比如获得本人账户的数据、通过检索问题定期收集动向变化，由此分析各种各样的社交数据。

在获取、分析 Twitter 上的推文数据时，通过词素解析引擎 MeCab（http://taku910.github.io/mecab/）等方式进行单词抽取这样的提前处理，会更容易一些。比如，在推文当中检索"机器学习"这一关键词，与此同时可以进行关联分析，分析与留言的关联性。将按照公司名、商品名进行推

---

① 主要条件是需要注明原作者姓名、作品名等信用信息，不仅允许进行改变，还可以基于盈利目的进行二次利用，是具有最高自由度的一种许可。

文检索时产生的结果，和日语评价极性词典一同输入到机器学习中，可以分析出用户对公司及商品的感情。

虽然平时几乎用不到，但是如果与 Twitter 公司签订了 Firehose 条约，那就可以获得 Twitter 公司至今为止公开的所有数据。

下面针对经由 REST API 获取 Twitter 数据的方法进行介绍。

（1）为获取数据首先需要注册 Twitter 账户并进行开发人登录。Twitter 账户注册可以通过网址 https://twitter.com/signup 完成。

（2）填入必填信息后点击"注册账户"（如图 2–1 所示）。

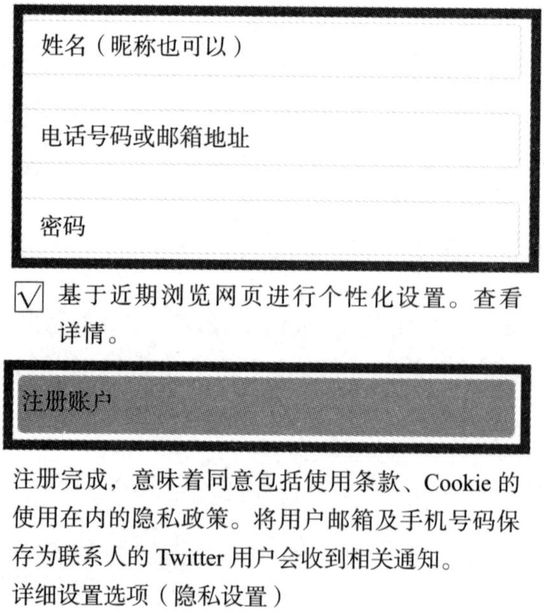

姓名（昵称也可以）

电话号码或邮箱地址

密码

☑ 基于近期浏览网页进行个性化设置。查看详情。

注册账户

注册完成，意味着同意包括使用条款、Cookie 的使用在内的隐私政策。将用户邮箱及手机号码保存为联系人的 Twitter 用户会收到相关通知。
详细设置选项（隐私设置）

图 2–1　在 Twitter 上注册

（3）需要输入手机号码，输入结束后点击"下一步"。开发人登录时需要手机验证（如图 2–2 所示）。

请输入手机号码

添加手机号码，可以保证账户安全、便于寻找好友和登录。

向该手机号码发送验证码。短信发送会出现收费情况。不会向其他 Twitter 用户显示你的手机号码。

图 2-2　输入手机号

（4）由于需要向登录的手机号码发送验证码，所以需要将接收到的验证码输入到验证框内，输入结束后请点击"验证"（如图 2-3 所示）。

请输入手机号码

图 2-3　输入手机号后需输入验证码

（5）由于不需要用户名，请点击"跳过"（如图 2-4）。

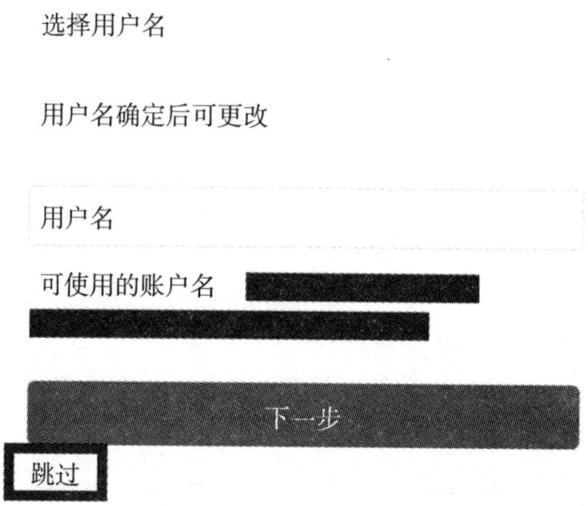

选择用户名

用户名确定后可更改

用户名

可使用的账户名

下一步

跳过

图 2-4　点击"跳过"

（6）开始使用说明。但是因为已经完成了账户申请，所以关闭使用说明。随后向注册邮箱发送确认邮件，请点击"确认"（如图 2-5 所示）。

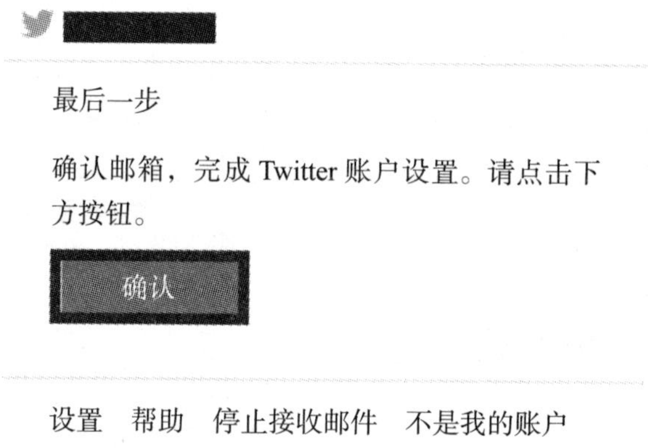

最后一步

确认邮箱，完成 Twitter 账户设置。请点击下方按钮。

确认

设置　帮助　停止接收邮件　不是我的账户

图 2-5　点击"确认"

（7）请输入网址 https://apps.twitter.com 进行开发人登录。

（8）如未能登录，请点击图 2-6 右上方的"注册"（Sign in）。

图 2-6 未能登录时点击"注册"

（9）由于需要登录，请输入之前注册时输入的账户信息，点击"登录"（如图 2-7 所示）。

图 2-7 输入账户信息后点击"登录"

（10）登录后（如图 2-8 所示），点击"创建新的 App"（Create New App）。

图 2-8 点击"创建新的 App"

（11）显示 App 登录界面，需要输入信息。具体如图 2-9 所示。

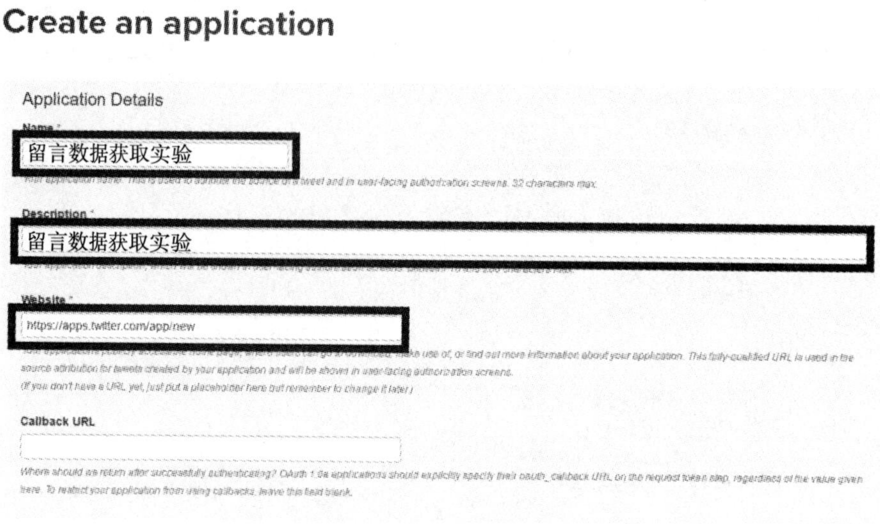

Create an application

Application Details

Name *
留言数据获取实验

Description *
留言数据获取实验

Website *
https://apps.twitter.com/app/new

Callback URL

图 2-9 进入 App 界面输入相关信息

- "Name"是 App 的名称；
- "Description"是 App 的说明；
- "Website"是设置的网站网址；
- "Callback URL"是 Twitter 认证后用户被回调的网址。

Callback URL 的输入值是任意的，所以即使空白不填也没有问题。除此之外其他内容均为必填项。本次并不是要编入 Twitter 认证等，而仅仅是为了获得数据，所以在 Website 中适当输入即可。

（12）输入结束后，确认图 2-10 下方的使用规定，选择"我同意"（Yes, I agree）后点击"创建你的 Twitter 应用"（Create your Twitter application）。

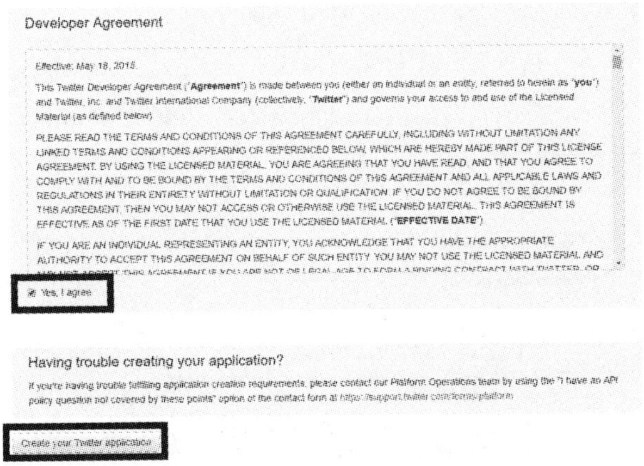

图 2–10　创建 Twitter 应用的规定

（13）完成 App，进入管理界面（如图 2–11 所示）。

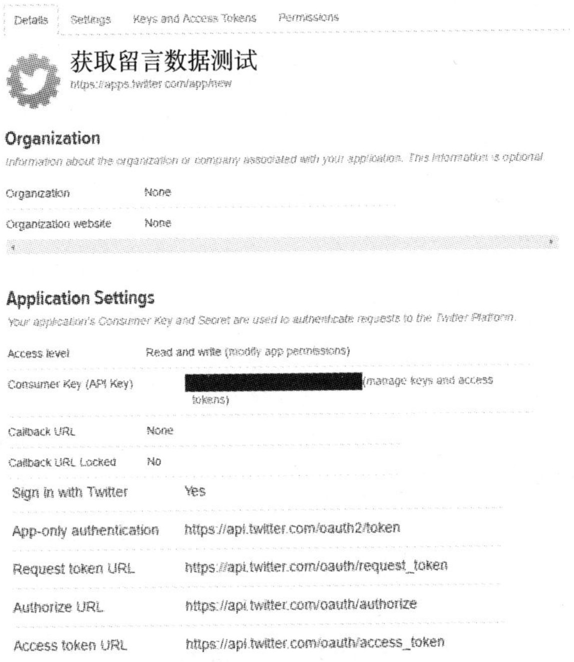

图 2–11　进入管理界面

（14）从"Keys and Access Tokens"使用Twitter API时，需要获取必要的信息（如图2–12所示）。使用的信息包括Consumer Key、Consumer Secret、Access Token、Access Token Secret。像"Consumer Key"和"Consumer Secret"，只要获取链接就能确认。

图2–12 获取留言数据测试

（15）为了确认"Access Token"和"Access Token Secret"，请点击图2–13下方的"Create my access token"。

图2–13 点击"Create my access token"

（16）发行Access Token和Access Token Secret后即可确认（如图2–14所示）。

图 2-14　点击 Access Token 和 Access Token Secret

（17）REST API 文件存在网址 https://dev.twitter.com/rest/public 中。

（18）用 C# 编写可以获取时间轴信息的 Console App。启动"Visual Studio"，选择"文件"→"新建"→"项目"（如图 2-15 所示）。

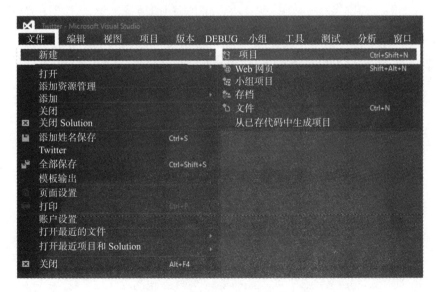

图 2-15　启动"Visual Studio"步骤

（19）选择"Visual C#"中的"控制中心 App"（Console App），起一个通俗易懂的名字（如图 2-16 所示）。

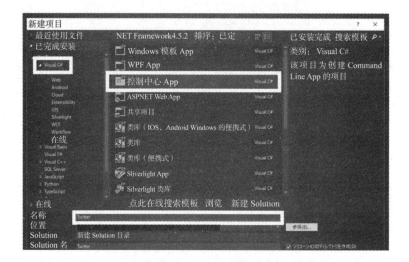

图 2-16　选择"控制中心 App"后起名字

（20）为了用 C# 轻松获取 Twitter API，需要下载安装包，点击"工具"→"NuGet 安装包管理"→"Solution NuGet 安装包管理"（如图 2-17 所示）。

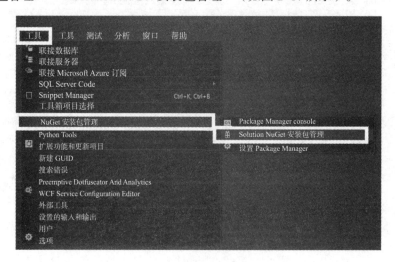

图 2-17　下载安装包

（21）选择浏览，在检索一栏中输入"CoreTweet"，选择"CoreTweet"，选择已有项目，点击"安装"（如图2–18所示）。

图2–18　安装"CoreTweet"

（22）编写获得Tweet的程序。比如，想要获得特定用户的Tweet时（如图2–19所示）。由于获得的数据被保存在"tweets"当中，所以将其写入中意的存储器中就可以用于机器学习。

```csharp
using System;
using System.Collections.Generic;

namespace Twitter
{
    class RestAPI
    {
        static void Main(string[] args)
        {
            var tokens = CoreTweet.Tokens.Create(
                "{API key}",
                "{API secret}",
                "{Access token}",
                "{Access token secret}"
                );

            var parm = new Dictionary<string, object>();
            // 获取最近的Tweet数
            parm["count"] = 100;
            // 获取对象的账号
            parm["screen_name"] = "[例: mskkpr等]";

            var tweets = tokens.Statuses.UserTimeline(parm);
            foreach (var tweet in tweets)
            {
                Console.WriteLine("{0}:{1}", tweet.User.ScreenName, tweet.Text);
            }
        }
```

图2–19　使用"REST APT"获取的Tweet程序

(23)在 Twitter 中,除了 REST API,还有 Streaming API。Streaming API 并不像 REST API 那样发送请求和接收反馈信息,而是收集不断流动的数据流。Streaming API 文件存在于网址 https://dev.twitter.com/streaming/public 中。

(24)通过使用 Streaming API 获取 Tweet(如图 2–20 所示)。本次收集包含指定单词的 Tweet。这与 REST API 是一样的,将获取内容写入存储器后,再用于机器学习。

```
using CoreTweet.Streaming;
using System;

namespace Twitter
{
    class StreamingAPI
    {
        static void Main(string[] args)
        {
            var tokens = CoreTweet.Tokens.Create(
                "{API key}",
                "{API secret}",
                "{Access token}",
                "{Access token secret}"
                );

            //指定单词
            var stream = tokens.Streaming.StartStream(StreamingType.Filter,
new StreamingParameters(track => "[单词]"));
            foreach (var message in stream)
            {
                if (message is StatusMessage)
                {
                    var status = (message as StatusMessage).Status;
                    Console.WriteLine(string.Format("{0}:{1}", status.User.
ScreenName, status.Text));
                }
                else if (message is EventMessage)
                {
                    var event = message as EventMessage;
                    Console.WriteLine(string.Format("{0}:{1}->{2}",
                        event.Event, event.Source.ScreenName, event.Target.
ScreenName));
                }
            }
        }
    }
}
```

图 2–20 使用"Streaming API"获取的 Tweet 程序

GitHub

开发人员特别熟悉的 GitHub 也可以通过 REST API 获得数据。比如，通过调查 commit 的数量、blue request 的数量、项目进展情况以及问题关联事项，可以用于测量产能、预测即将开始的项目成功率以及利益率等。

接下来针对经由 REST API 从 GitHub 获取数据的方法进行说明。

（1）从 GitHub 获取数据时无需登录。如果从 App 访问到指定网址，就可以获得信息。比如，访问 https://api.github.com/users/<UserName>/events 这一网站，就可以确认该用户在 GitHub 的活动情况。信息输出情况如图 2-21 所示。

图 2-21　信息输出情况

（2）在这其中，记录着很多可以导出信息的网址、与用户相关的信息，都可以通过链接输出。关于 API 文件，可以通过登录 https://developer.github.com/v3/ 进行确认。

（3）用 C# 编写从 GitHub 的 API 中获取信息的 Console App。启动 Visual Studio，选择"文件"→"新建"→"项目"（如图 2-22 所示）。

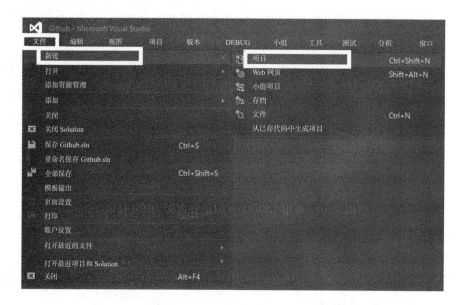

图 2-22　编写从 GitHub 的 API 中获取信息的 Console App

（4）选择"Visual C#"中的"Console App"，起一个通俗易懂的名字。

（5）本次从 https://api.github.com/events 中获取数据，从 Console 上进行输出。App.config 如图 2-23 所示。

```
<?xml version="1.0" encoding="utf-8" ?>
<configuration>
   <startup>
       <supportedRuntime version="v4.0" sku=".NETFramework,Version=v4.5.2" />
   </startup>
  <system.net>
    <settings>
      <httpWebRequest useUnsafeHeaderParsing = "true" />
    </settings>
  </system.net>
</configuration>
```

图 2-23　获取的 App.config

（6）实际上启动 API 的程序如图 2-24 所示。如果不指定用户引擎会发生错误，所以需要进行指定。将获取内容写入存储器后，即可用于机器学习。

```csharp
using System;
using System.IO;
using System.Net;

namespace Github
{
    class Program
    {
        static void Main(string[] args)
        {
            var request = (HttpWebRequest)WebRequest.Create("https://api.github.com/events");
            request.Method = "GET";
            request.ContentType = "application/json";
            request.UserAgent = "自己正在使用的浏览器用户代理商";
            var response = request.GetResponse();
            using (var responseStream = response.GetResponseStream())
            {
                using(var reader = new StreamReader(responseStream))
                {
                    Console.Write(reader.ReadToEnd());
                }
            }
        }
    }
}
```

图 2-24　指定用户引擎启动 API 程序

第 3 章

通过 Azure ML 创建机器学习模型

从本章开始,我们尝试使用 Azure ML 创建各种机器学习模型。下面,首先针对用 Azure ML 创建机器学习模型的大致情况以及基本操作进行说明。

Azure ML 的基本操作

Azure ML 的开发环境是通过 Web 浏览器进行操作的 App。在使用 Azure ML 之前需要进行注册。还没有完成注册的读者请参考"附录"完成注册。

注册 Azure ML Studio

Azure ML 是通过其开发环境"Azure ML Studio"进行操作的。因此，首先需要注册"Azure ML Studio"。请在微软公司网页上访问"Azure ML Studio"，其网址为 https://studio.azureml.net/。

图 3–1　登录至"Azure ML Studio"

点击界面右上角的"登录",会显示登录界面,请先完成 Azure ML 的注册,然后登录 Microsoft 账户(如图 3–1 所示)。

在工作区进行操作

登录后,会显示已经完成的既定工作区(若未完成制作工作区,请参考"附录"完成工作区的制作。如果存在多个工作区的情况,可通过右上角的下拉菜单框进行切换)。并且在左侧有可以进行各种切换的菜单(如图 3–2 和图 3–3 所示)。

> **备忘录**
>
> 工作区是开展机器学习的"作业场所"。根据用途,可以制作多个工作区,相互切换使用(但是使用免费版本时,只能使用一个默认生成的工作区)。

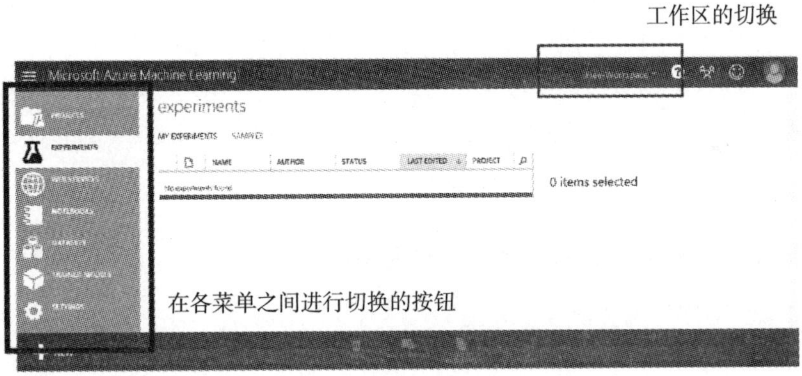

图 3–2 启动后呈现的工作区界面

> **专栏**
>
> **打开菜单时**
>
> 最初操作时,打开工作区后就会开始新手入门介绍(Tour)或者显示菜单。此时,点击右上角的"×"按钮进行关闭。

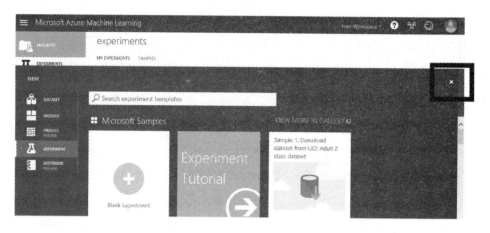

图 3–3 打开的菜单界面

工作区菜单各项内容所代表的含义如下。

（1）Projects。可以将以下的 Experiments 和 Datasets 进行整合管理。可用于多人使用一个 Studio 的情况。

（2）Experiments。针对迄今为止创建的机器学习模型进行确认或者修正。实际进行机器学习模型创建时，点击"+NEW"，选择"Experiment"中的"Blank Experiment"。

（3）Web Services。可以确认由机器学习模型（Experiment）生成的"Web Service"（Web API），选择生成后的 Web Service（Web API），即可确认使用 Web API 时所需要的必要信息。

（4）Notebooks。能以 Markdown 的形式记录文件。在文件中加入以 Python 或者 R 语言编写的程序，使其具有执行功能（本书不涉及）。

（5）Datasets。可以确认上传数据集。上传数据集时，点击"+NEW"，选择"DATASET"。

（6）Trained Models。负责管理学习结束后的模型。保存已经通过机器学习模型（Experiment）完成学习的模型后，就会被记录在这里。这部分的详细内容会在第 5 章予以介绍。

（7）Settings。具有变更各种设置的项目，如工作区名称、可操作用户权限等。

机器学习的方法

在 Azure ML 中，具体是如何进行机器学习的呢？我们首先针对整体流程进行说明。

在 Azure ML 中进行机器学习的流程

使用 Azure ML 进行机器学习时，虽然会根据机器学习的内容不同稍有不同，但是整体流程大致如图 3-4 所示。

准备数据集

在机器学习中处理的数据被称为"数据集"（Dataset）。在 Azure ML 中，数据集中存在很多数据，如 CSV 形式、TSV 形式或者 Excel 形式的数据。使用的数据集，需要事先上传至 Datasets 中。

创建机器学习模型

新建 Experiment，创建机器学习模型。在机器学习模型中，输入（1）中的数据，使模型进行学习。这样，在学习模型中就会积累已学习的数据。

发挥学习成果

将在（2）中完成学习的模型保存为"已训练模型"（Trained Model）。这样，就可以从其他的 Experiment 使用。使用已经完成训练的模型，创建可以发挥模型学习成果的 Experiment。比如，创建可以预测未来或者划分分类的 Experiment，并发挥其学习成果。综上所述，Experiment 有两种：一种是（2）中"学习时用的 Experiment"；另一种是（3）中所讲的"发挥学习成果时用的 Experiment"。（3）是为了使用（2）的学习成果。

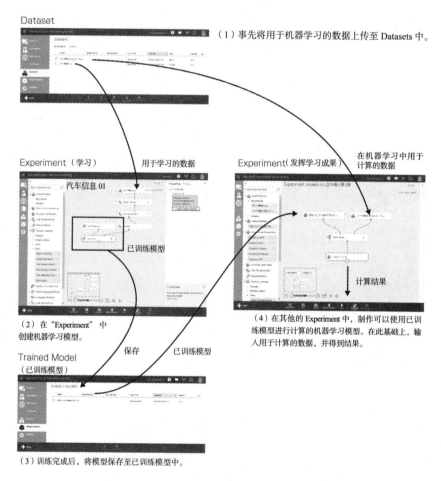

图 3-4　在 Azure ML 中进行机器学习的流程

创建机器学习模型时 Experiment 的编辑界面

在 Azure ML 中最核心的是 Experiment 的编辑界面。具体的操作方式我们将在第 4 章进行详细的说明。简而言之，在 Experiment 界面中，有一个被称为"canvas"的操作板区域，在这片区域当中，通过拖拽各种"组件"（module）来创建机器学习模型（如图 3-5 所示）。

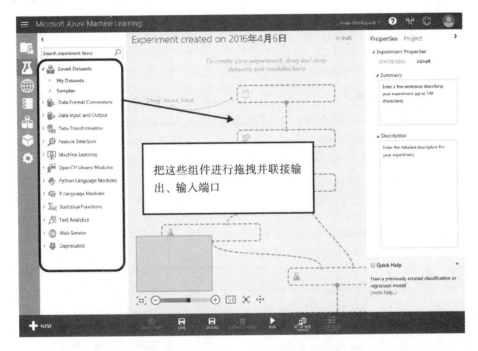

图 3-5 通过拖拽组件、联接输入、输出端口创建机器学习模型

在组件的上方和下方均有一个圆点。这被称为端口（Port）。上方存在的端口表示数据从该端口进入组件，被称为"输入端口"。下方存在的端口表示数据从该端口离开组件，被称为"输出端口"。输入端口和输出端口的数量根据组件不同存在不同。当存在多个组件时，点击"输出端口"，拖拽并联接到其他组件的"输入端口"，这样两个端口就联接到一起了，由此就形成了数据流。这被称为"工作流"（如图 3-6 所示）。

将各组件拖拽到 canvas 操作板区域，并通过线进行联接，从而完成建模。

> **备忘录**
>
> 　　如果数据形式不合适，就无法联接输入端口和输出端口。在进行拖拽操作时，会通过颜色显示是否可以联接。可联接端口显示为"绿色"，不可联接端口为"红色"。

> **备忘录**
>
> 　　输入和输出并不一定为一对一关系。必要时，一个输出端口可以对应多个输入端口，即"一对多"的关系，也可进行并发联接。

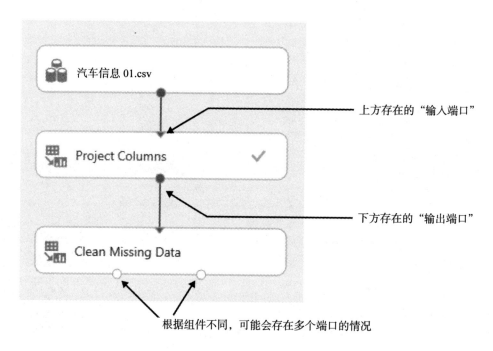

图 3-6　联接组件

机器学习模型的构成和种类

毋庸置疑，在工作流中最核心的部分是学习逻辑。

学习逻辑

不同的学习方式，使用的组件不一样。但是学习逻辑是由决定学习方式的"学习组件"和实际进行学习的"学习模型"构成（如图3-7所示）。学习组件，即学习算法。在学习模型的右侧输入用于学习的数据，然后使用联接在左侧的算法进行学习。学习结果会保存在学习模型中。

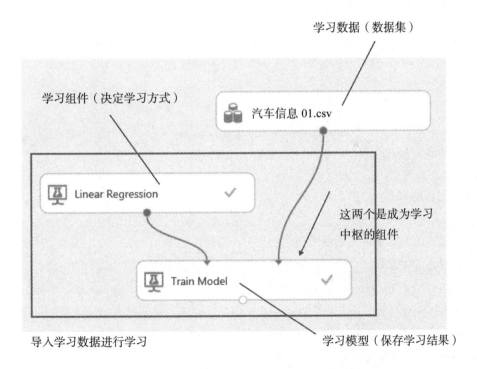

图3-7 构成学习逻辑的"学习组件"和"学习模型"

计算逻辑

使用完成学习的学习模型进行实际计算操作时,会用到"计算组件"(如图3-8所示)。

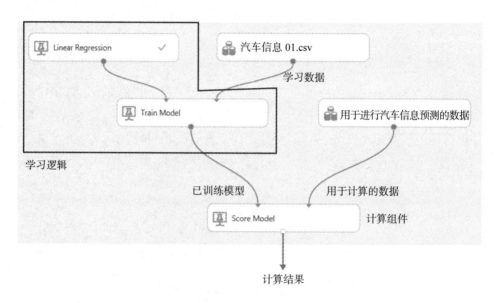

图3-8　用于计算的计算组件

学习组件的种类

展开怎样的学习,是由所使用的学习组件来决定的。也就是说,为了使用机器学习,首先要知道有什么样的学习组件,然后根据需求选择合适的学习组件。学习组件位于Experiment界面左侧的"Machine Learning"→"Initialize Model"一项中,大致分为以下四类。这是根据学习组件不同,使用的机器学习模型以及计算模型不同来分类的。其中,学习模型在"Train"一项中,计算组件在"Score"一项中(如图3-9所示)。

异常检测

异常检测（Anomaly Detection）组件包括使用的学习组件（One-Class Support Vector Machine、PCA-Based Anomaly Detection）、使用的学习模型（Train Anomaly Detection Model）和使用的计算组件（Score Model）。

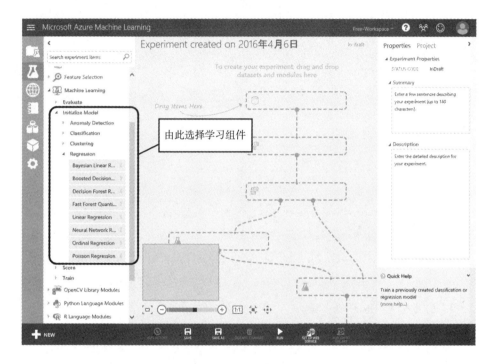

图 3-9　学习组件示例

统计分类

统计分类（Classification）组件包括使用的学习组件（Multiclass Decision Forest、Multiclass Decision Jungle、Multiclass Logistic Regression、Multiclass Neural Network、One-vs-All Multiclass、Two-Class Averaged Perce、ptron、Two-Class Bayes Point Machine、Two-Class Boosted Decision Tree、Two-Class Decision

Forest、Two-Class Decision Jungle、Two-Class Locally-Deep Support Vector Machine、Two-Class Logistic Regression、Two-Class Neural Network、Two-Class Support Vector Machine）、使用的学习模型（Train Model）和使用的计算组件（Score Model）。

聚类

聚类（Clustering）是从复杂的数据当中寻找相似属性的组件，包括使用的学习组件（K-Means Clustering）、使用的学习模型（Train Clustering Model）和使用的计算组件（Assign Data to Clusters）。

回归分析

回归分析（Regression）是预测数值的组件，包括使用的学习组件（Bayesian Linear Regression、Boosted Decision Tree Regression、Decision Forest Regression、Fast Forest Quantile Regression、Linear Regression、Neural Network Regression、Ordinal Regression、Poisson Regression）、使用的学习模型（Trained Model）和使用的计算组件（Score Model）。

我们还可以将以上四类再细分。图3-10是微软公司通过公示制作出的备忘单。当不知道使用什么样的学习组件时，可以通过图中的说明进行确认。

第 3 章 通过 Azure ML 创建机器学习模型

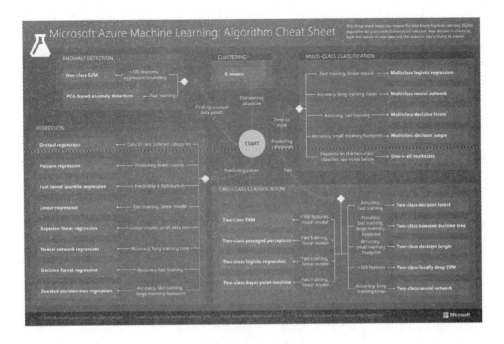

图 3-10　主要学习组件

从下一章开始，我们将针对如何使用学习组件进行机器学习进行具体说明。

第 4 章
使用回归分析预测数据

在开始学习机器学习的时候,经常会提到"回归分析"(regression analysis)这一概念。本章将介绍在 Azure ML 中是如何使用回归分析来预测未来数据的。

什么是回归分析

回归分析是从有关联的数据当中预测结果的一种学习方法。不妨看一下商品销售额预测这个简单易懂的例子。在便利店等场所，某种商品能获得多少销售额，受到星期、季节、天气、附近有无活动等因素影响，会由此产生很大变化。在这种情况下，将"星期""气温""湿度""附近活动种类"等信息和产生的结果——"哪种商品获得多少销售额"这一事实做回归分析，进行学习。

由此，回归分析模型就会学习其中的关联性，预测出"在周几、什么样的温度以及湿度、附近举办的活动是什么状态时，哪种商品会获得多少销售额"，即可以让机器代替人来判断。在便利店，预测有助于决定进货量是多少；在工厂，预测则有助于决定生产量是多少。由于可以减少商品损失，所以回归分析在商业中能够发挥极大作用。

本模拟所实现目标

在本模拟中，创建了预测汽车价格的模型（如图 4-1 所示）。我们事先具备车辆"厂商""燃料类型""车门数量""车体形状"等"规格明细"及与"价格"相关的数据（将数据设置成可以以 CSV 形式下载）。将数据加入到回归分析器中，就可以针对"规格明细"和"价格"进行学习。

如果使用学习成果，输入车辆的规格明细，就可以计算出该车合理的价格。也就可以预测出，"假设某一厂商生产出了这种规格的汽车，其价格大概是多少钱"。

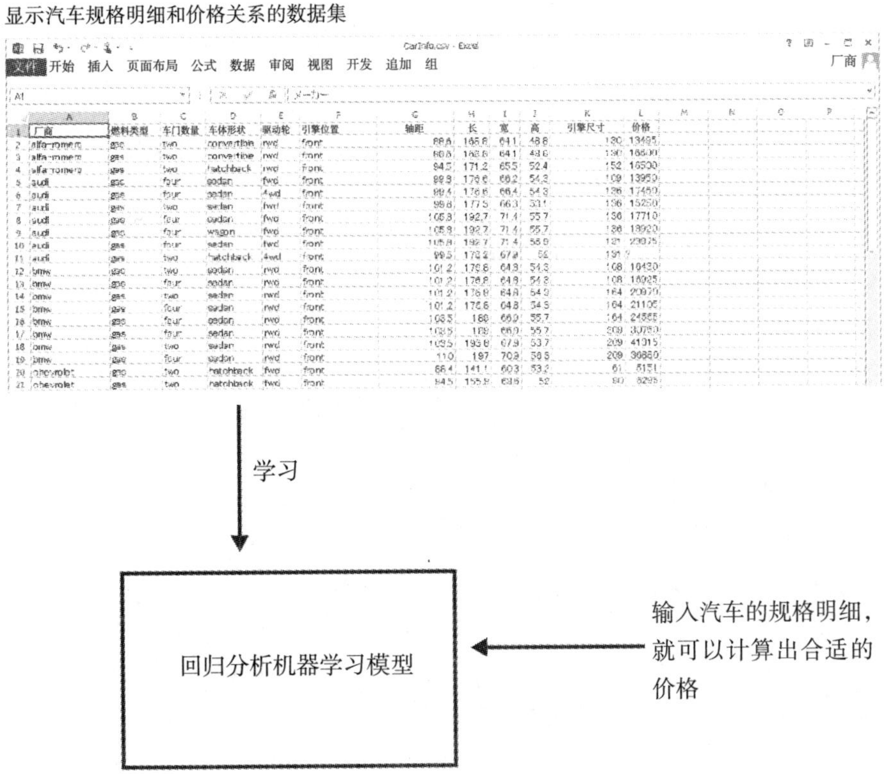
显示汽车规格明细和价格关系的数据集
CarInfo.csv - Excel
文件 开始 插入 页面布局 公式 数据 审阅 视图 开发 追加 组
厂商 燃料类型 车门数量 车体形状 驱动轮 引擎位置 轴距 长 宽 高 引擎尺寸 价格
学习
回归分析机器学习模型
输入汽车的规格明细，
就可以计算出合适的
价格

图 4–1　回归分析示例

本模拟所建模型

本模拟所建模型如图 4–2 所示。回归分析组件有很多，但是在这里使用最简单的“线性回归”组件。

> **备忘录**
>
> 　　线性回归模型是以相关参数具有线性关系（类似于线性插值那样的关系）为前提的一种机器学习。通俗地讲，就是某种参数和其他参数之间存在线性比例关系，这是前提条件。就像汽车"引擎排气量越大，价格越高"这样的关系。如果不是这样的关系，线性回归模型就有可能导出与正确结果（预测）偏离很大的数值。

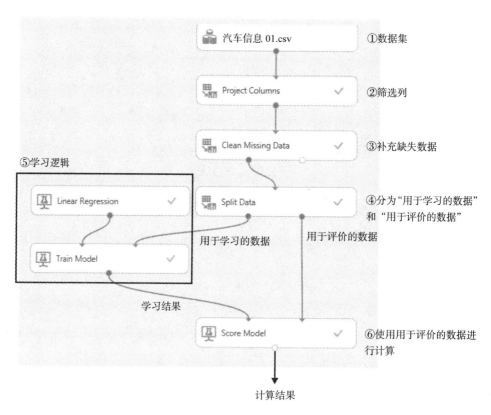

图 4-2　模拟制作的机器学习模型

为了创建上述模型，需要以下操作。

（1）数据集。以CSV形式的文件解析数据。上传数据集，使数据集可以被使用。

（2）筛选列。在①中的数据中只筛选使用列。

（3）补充缺失数据。在②中的数据中，删除空栏等数据。

（4）分为"用于学习的数据"和"用于评价的数据"。虽然只需将③中的数据加入到模型中即可进行学习，但是仅仅通过上述操作，无法掌握学习的进展情况，所以在此将③中的数据一部分作为学习数据，剩下的作为评价数据。由此一来，显示学习结果后，通过计算、对比就可以知道学习结果值和实际值之间的差距，从而掌握学习精度。

（5）学习逻辑。使用线性回归分析的"Linear Regression"和学习模型的"Train Model"构成学习逻辑。

（6）使用用于评价的数据进行计算。将在④中未使用的数据加入至"Score Model"中进行计算。通过将该结果与实际值、机器学习导出的值进行对比，就可以知道学习结果的精确度。

上传用于分析的数据集

首先，上传用于分析的数据集。

下载CSV文件样本

本模拟中使用的分析数据，是以CSV形式的文件进行下载。请事先做好下载的准备工作。

登录 http://web-cache.stream.ne.jp/www11/nikkeibpw/itpro/AzureML-GuideBook/sample.zip 以获取 CSV 文件样本。

上述网址中包含本书中使用的四个 CSV 形式文件，此处使用的是文件 “CarInfo.csv” （如图 4–3 所示）。

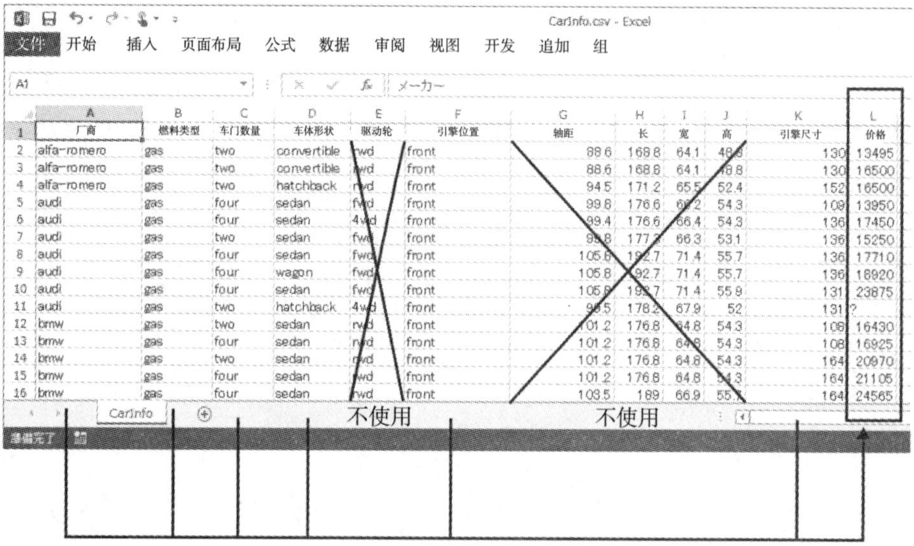

	A	B	C	D	E	F	G	H	I	J	K	L
1	厂商	燃料类型	车门数量	车体形状	驱动轮	引擎位置	轴距	长	宽	高	引擎尺寸	价格
2	alfa-romero	gas	two	convertible	rwd	front	88.6	168.8	64.1	48.8	130	13495
3	alfa-romero	gas	two	convertible	rwd	front	88.6	168.8	64.1	48.8	130	16500
4	alfa-romero	gas	two	hatchback	rwd	front	94.5	171.2	65.5	52.4	152	16500
5	audi	gas	four	sedan	fwd	front	99.8	176.6	66.2	54.3	109	13950
6	audi	gas	four	sedan	4wd	front	99.4	176.6	66.4	54.3	136	17450
7	audi	gas	two	sedan	fwd	front	99.8	177.3	66.3	53.1	136	15250
8	audi	gas	four	sedan	fwd	front	105.8	192.7	71.4	55.7	136	17710
9	audi	gas	four	wagon	fwd	front	105.8	192.7	71.4	55.7	136	18920
10	audi	gas	four	sedan	fwd	front	105.8	192.7	71.4	55.9	131	23875
11	audi	gas	two	hatchback	4wd	front	99.5	178.2	67.9	52	131	?
12	bmw	gas	two	sedan	rwd	front	101.2	176.8	64.8	54.3	108	16430
13	bmw	gas	four	sedan	rwd	front	101.2	176.8	64.8	54.3	108	16925
14	bmw	gas	two	sedan	rwd	front	101.2	176.8	64.8	54.3	164	20970
15	bmw	gas	four	sedan	rwd	front	101.2	176.8	64.8	54.3	164	21105
16	bmw	gas	four	sedan	rwd	front	103.5	189	66.9	55.7	164	24565

创建输入“厂商”“燃料类型”“车门数量”“车体形状”“引擎位置”“引擎尺寸”后可以预测出“价格”的回归分析模型，是本模拟的目的。

图 4-3 CarInfo.csv

备忘录

在 Azure ML 中，使用 UTF-8 作为文字编码。如果上传 Shift_JIS 编码的 CSV 形式文件，会出现乱码现象，请加以注意。然而，如果在 Excel 文件中打开无 BOM 格式（指出现在文本文件头部的字节顺序标记符号）UTF-8 形式文件，也会出现乱码。因此，在 Azure ML 中，如果使用 Excel 保存 CSV 形式文件时，可以使用“有 BOM 格式的 UTF-8”。可下载文件样本均是这种形式。

CarInfo.csv 中记载着以下信息:

厂商;燃料类型;车门数量;车体形状;驱动轮;引擎位置;轴距; 长;宽;高;引擎尺寸;价格。

在本模拟中创建的回归分析模型是针对以上信息中的"厂商""燃料类型""车门数量""车体形状""引擎位置""引擎尺寸"之间的关系进行学习,当输入以上规格明细时,就可以预测出"价格"的模型。

将 CSV 文件作为数据集进行上传保存

首先将用于学习的"CarInfo.csv"文件作为数据集进行保存。之后按照以下步骤进行操作。

(1)新建数据集。点击左侧菜单中的"Datasets",然后点击界面左下侧的"+NEW",开始新建数据集(如图 4-4 所示)。

图 4-4 新建数据集

（2）上传本地文件。点击"FROM LOCAL FILE"（如图4-5所示），上传本地文件（保存至电脑的文件）。

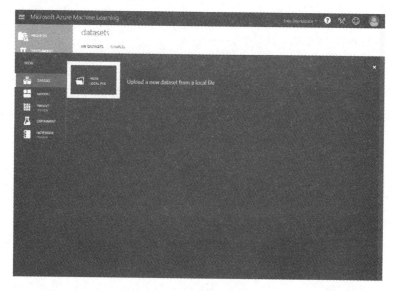

图4-5 上传本地文件

（3）将CSV形式的文件上传至Azure ML。出现上传对话框后，选择上传文件。点击"浏览"（根据浏览器的不同，会有"选择文件"等不同说法），选择事先下载好的文件"CarInfo.csv"（如图4-6所示）。在"ENTER A NAME FOR THE NEW DATESET"处输入数据集名称。因为也可以使用日语命名，所以在这里输入"クルマ情報01"（汽车信息01）。此处使用的名称会在随后浏览"Experiment"中数据时看到，为数据集名称。

图4-6 上传CSV形式文件

> **备忘录**
>
> 你们公司如果有多个用户共同操作,那可在数据集名称中加入自己的姓名,这样一来,到底是属于谁的,可以一目了然。

选择CSV形式文件,结束数据集命名后,点击右下角的"√"键,开始上传。

上传结束后,界面下方会显示数据集名称已建好(Upload of the dataset has completed),该数据集就会被显示出来(如图4-7所示)。

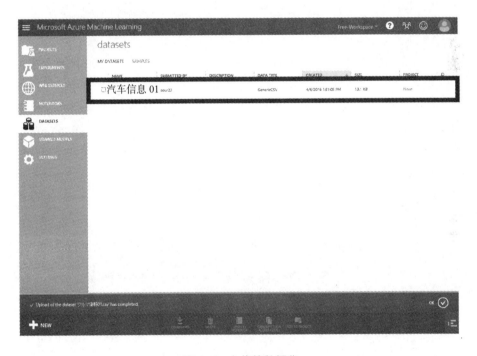

图4-7 上传的数据集

> **备忘录**
>
> 界面下显示信息点击"OK"即可关闭。关闭或者置之不管均可行。

新建 Experiment

准备好数据后,为创建学习模型,需新建"Experiment"。新建流程有以下步骤。

(1)打开 Experiment,点击界面左下侧"+NEW"(如图 4-8 所示)。

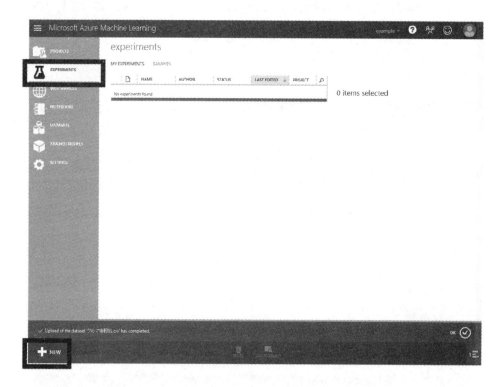

图 4-8 在 Experiment 菜单中新建 Experiment

(2)打开"Microsoft Samples",会显示几个 Experiment 模板。由于此次需要全新的 Experiment,所以点击"Blank Experiment",创建空白 Experiment(如图 4-9 所示)。

第 4 章　使用回归分析预测数据

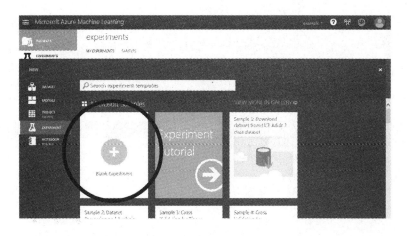

图 4–9　选择"Blank Experiment"

（3）空白 Experiment 创建完成。在此通过拖拽各种功能组件，并用线联接，创建模型（如图 4–10 所示）。

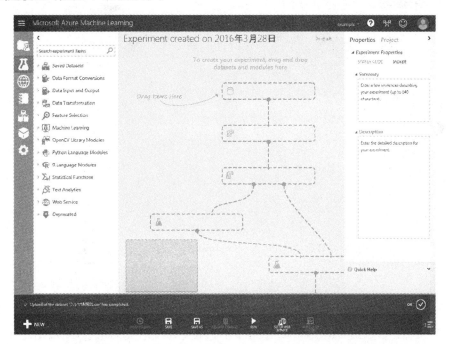

图 4–10　新建的空白 Experiment

（4）为 Experiment 命名。默认情况下，Experiment 的命名为"Experiment created on（日期）"。但是由于这种命名方式很难一目了然，所以需要在开始操作之前重新命名。点击"Experiment created on（日期）"文字部分，即可重命名。任何命名都可以，在图 4-11 中，我们命名为"汽车信息 01"。

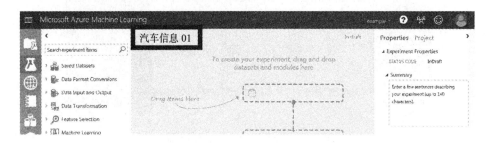

图 4-11　点击标题进行修改

> **Experiment 自动保存**
>
> 即便不点击界面下方的"SAVE"，Experiment 也会定期进行自动保存。反过来说，也就是在不想保存的时候，Experiment 也会自动进行保存。
>
> 实际上在操作 Experiment 的时候，会出现"暂时进行了微调，但是不想保存"的情况。此时，在修改之前，点击界面下方的"SAVE AS"，重命名保存后开始进行操作。

添加和调整所要分析的数据集对象

创建完成 Experiment 后，可通过拖拽各种组件创建机器学习模型。首先添加将要分析的数据集对象。添加完数据集后，要在加入学习逻辑之前对数据进行整理，比如将数据精简至使用列，或者除去受损数据。

添加数据集

图 4–12　将数据集添加至 canvas 操作板中

将最初上传用于分析的数据集添加至 Experiment 中的 canvas 操作板中。我们通过可视化（visualize）操作，可确认数据内容。数据集的可视化操作，可以整体观察随后用于学习的数据情况,在确认数据准确性时必不可少。

下面是添加数据集的详细步骤。

(1)添加 CSV 文件。依次点击左侧菜单中"Saved Datasets""My Dataset",随后点击"Datasets"可以浏览已上传数据集。拖拽事先上传的"汽车信息 01.csv",添加至 canvas 操作板中(如图 4–12 所示)。在空白 Experiment 中,有"请拖拽至此处"(Drag Items Here)的区域,但是这个区域仅仅是个示例,其实添加到哪里都可以(随意拖拽一个组件,该区域就会消失)。

> 备忘录
>
> 如果拖拽了错误的组件,右键单击该组件,选择"delete"即可删除。

(2)数据集可视化。在任何组件当中,点击下方的"输出端口",就会显示出"Visualize"选项。选择后即可浏览从输出端口输出的数据整体情况。现在,我们就点击所添加数据集的输出端口,选择"Visualize",看一下数据集内容(如图 4–13 所示)。

图 4–13　可视化

> **备忘录**
>
> 操作过程中会出现无法使用"Visualize"功能的情况。这是因为还未运行。点击界面下方的"run"按钮,使可视化处于有效状态。针对运行,将在后面部分进行说明。

(3)确认从数据集中输出的数据。可视化后,就会显示如图 4–14 所示的界面。从图中可以看到,数据以表格形式显示出来的,横向(纵向)显示数据条目。最上方为"rows"和"columns",分别表示数据的"行数"和"列数(属性数)"。

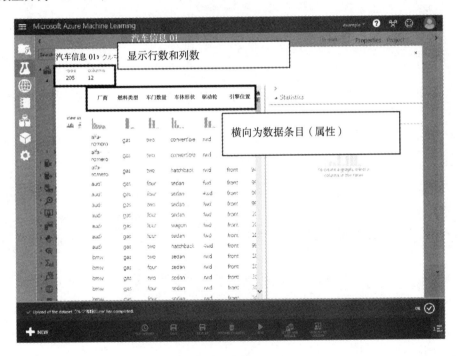

图 4–14 可视化结果

但是,通过可视化显示出来的,仅仅为最初的 100 行,并不会显示所有行。

(4)显示数据统计状态。点击"厂商""燃料类型"等数据列,就会在右侧显示"统计信息"（Statics）以及柱状图等"可视化信息"（Visualizations）。在此，作为示例，我们看一下"价格"一列（如图4-15所示）。价格是最右侧的一列，向右侧拉动界面，显示"价格"一列后单击。这样，就会在统计信息中显示"最小值""最大值""平均值""偏差值"等。

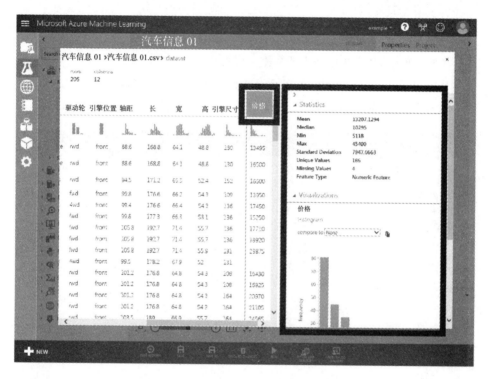

图4-15 点击数据列，显示统计信息

（5）确认受损信息。在表4-1中记录了各项统计信息所代表的含义。统计信息有助于了解值的范围以及值的分散程度。并且，对正确学习非常重要的，就是"确认是否有受损数据"。受损数据是"未计入值的数据"（从CSV角度来说明就是空白栏）。由于默认使用平均值，如果存在受损数据，会对学习结果造成很大影响。受损数据显示在"Missing Values"一项中。在我们提供的CarInfo.csv中，为了在接下来的步骤中介绍删除受损数据的方法，特地添加了4个受损数据（如图4-16所示）。

表 4-1　各项统计信息所代表的含义

项目	含义
Mean	平均值
Median	中间值
Min	最小值
Max	最大值
Standard Deviation	标准偏差
Unique Values	唯一值
Missing Values	数据缺失（行数）
Feature Type	数据类型（数字、文字列等）

图 4-16　确认受损数据

至此，我们就完成了数据的确认。点击右上方的"×"，关闭可视化窗口。

Experiment 的 Canvas 操作

在 Canvas 操作板中，添加组件较多时，界面中会无法显示全部内容。在 Azure ML Studio 中，左下角会显示整体图像，可放大、缩小。添加组件较多时，缩小图像即可显示出整体图像。缩小放大比通过"-"和"+"进行调整。除此之外，点击"1:1"即可等倍显示（如图 4-17 所示）。

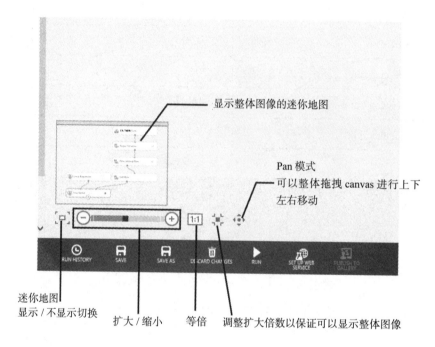

图 4-17　在 Experiment 中的扩大或缩小

将范围缩小至使用列

我们一般很少直接使用整个数据集，因此通常情况是在数据集中选择必要的列加以使用。在本书中提供的 CarInfo.csv 文件当中，有以下信息：

厂家；燃料类型；车门数量；车体形状；驱动轮；引擎位置；轴距 ；长；宽；高；引擎尺寸；价格。

但是在本模拟当中，仅使用了厂家、燃料类型、车门数量、车体形状、引擎位置、引擎尺寸和价格这七项。要想缩小列的范围，需要使用"Project Columns"组件。

将范围缩小至使用列可以采用以下步骤。

（1）添加"Project Columns"。依次单击左侧菜单中的"Data Transformation"→"Manipulation"，并将"Project Columns"通过拖拽添加至数据集（此处为"汽车信息 01.csv"）下方（如图 4–18 所示）。

图 4–18　添加"Project Columns"

（2）联接数据集和"Project Columns"组件。通过拖拽，用线联接数据集组件的输出端口和"Project Columns"组件的输入端口。由此，数据集中的数据就可以进入"Project Columns"中（如图 4–19 所示）。

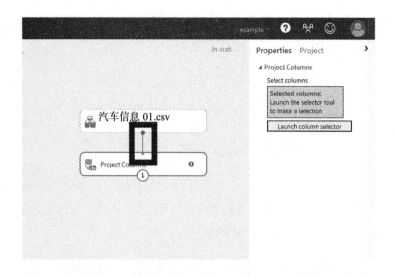

图 4–19　联接数据集和"Project Columns"组件

（3）打开选择列窗口。点击"Project Columns"组件，右侧会显示操作菜单，再点击"Launch column selector"（如图 4–20 所示）。

图 4–20　打开选择列窗口

（4）选择使用列。在选择列窗口中，选择要使用的列。在本模拟中，需选择"厂商""燃料类型""车门数量""车体形状""引擎位置""引擎尺寸"和"价格"这七项。选择项目时，从"AVAILABLE COLUMNS"选择要使用的列，点击">"，移动至"SELECTED COLUMNS"。移动结束后，点击"√"显示设置。显示后点击右上角的"×"关闭（如图 4–21 所示）。

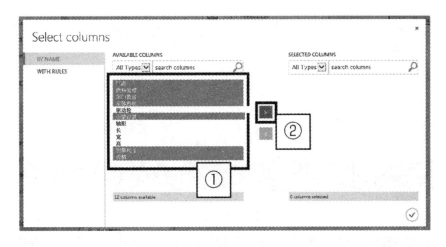

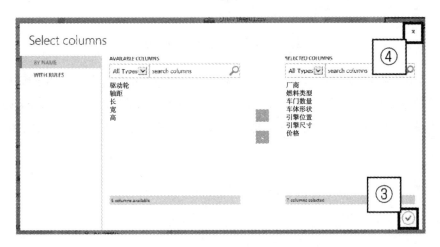

图 4–21　选择使用列

（5）在模型中显示修改的设置。目前为止所修改的设置都会在模型中显示。为达到这一目的，点击"RUN"运行（如图 4–22 所示）。运行结束后，界面的右上方会显示运行结束的信息（如图 4–23 所示）。

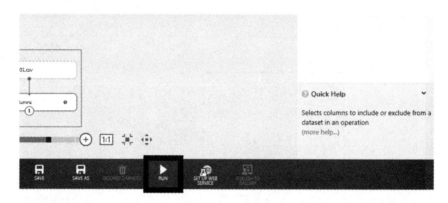

图 4-22 运行

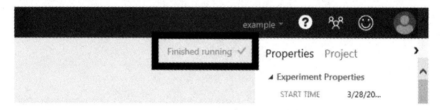

图 4-23 显示运行结束的信息

（6）确认数据已被选择。数据通过"Project Columns"组件后，需要确认数据范围是否被缩小。点击"Project Columns"组件的输出端口，并点击"Visualize"进行可视化（如图 4-24 所示），即可确认是否只显示所选择的七项（如图 4-25 所示）。

图 4-24 将"Project Columns"组件的输出情况可视化

第 4 章 使用回归分析预测数据

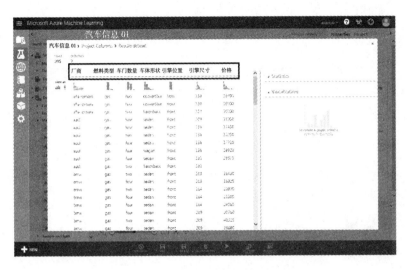

图 4-25 范围被缩小至 7 列数据

修复受损数据

在学习数据中，如果部分列中存在受损数据，就会造成较大误差。因此，需要在数据进入学习模型之前，完善或者删除受损数据。为了完善或者删除受损数据，需要使用"Clean Missing Data"组件。"Clean Missing Data"组件默认将受损数据的值设置为"0"，由此会导致预测精确度大幅下降。本次模拟处理受损数据的方法是删除整行数据，而不是完善数据。

> **备忘录**
>
> 存在受损数据时该如何恰当处理，这要根据分析对象和方法的不同而不同。有时取平均值或者中间值比较合理，而有时设置固定的默认值比较合理。

删除受损数据的步骤如下。

（1）添加"Clean Missing Data"。依次点击左侧菜单中的"Data Transformation"

→"Mainpulation",将"Clean Missing Data"拖拽至"Project Columns"组件下方(如图4–26所示)。

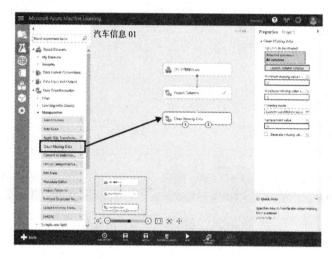

图 4-26　添加"Clean Missing Data"组件

(2)联接"Project Columns"组件和"Clean Missing Data"组件。点击"Project Columns"组件的输出端口,并拖拽至"Project Columns"组件的输入端口,用线联接两个组件(如图4–27所示)。

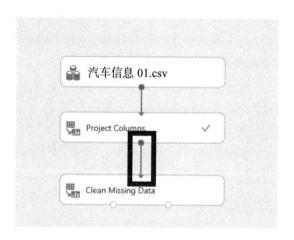

图 4–27　联接"Project Columns"和"Clean Missing Data"组件

（3）设置受损数据处理方式。点击"Clean Missing Data"组件，从右侧的"Properties"→"Clean Missing Data"中设置对受损数据的处理方式。

其中，有以下三种处理方式。

① Selected columns。设置对象列。默认值为"All columns"。

② Minimum missing value ratio / Maximum missing value ratio。设置在①的对象列中受损数据比例达到多少时执行受损处理。比例设置范围值为 0（0%）~1（100%）。默认情况下，"Minimum missing value ratio"为 0（0%），"Maximum missing value ratio"为 1（100%），并且"即使存在一个受损数据也要执行受损处理"。

③ Cleaning mode。指定处理受损数据的方法。可选择表 4-2 所列选项。默认设置为"Custom substitution value"，执行动作为将缺失值补充为"固定值 0"。

表 4–2　Cleaning mode

设置值	含义
Replace using MICE	使用 MICE 进行替换
Custom substitution value	使用某一固定值进行替换
Replace with mean	替换为平均值
Replace with median	替换为中间值
Replace with mode	替换为众数
Remove entire row	删除整行
Remove entire column	删除整列
Replace using Probabilistic PCA	使用动态 PCA 进行替换

如果用固定值 0 补充受损数据，就会导致平均值和中间值出现较大偏差。

因此在本次模拟中，出现受损数据时，设置为删除整行。要想删除整行，需要将"Cleaning mode"设置更改为"Remove entire row"（如图 4–28 所示）。

图 4–28　将"Cleaning mode"设置为"Remove entire row"

（4）在模型中显示设置变更。在模型中显示已变更设置。请点击界面下方的"RUN"运行（如图 4–29 所示）。

图 4–29　运行

运行结束后，会在界面右上方显示运行已结束的信息（如图 4-30 所示）。

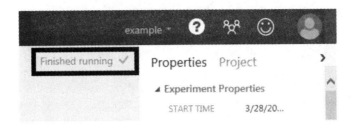

图 4–30　显示已完成运行的信息

（5）确认受损信息是否被删除。通过"Clean Missing Data"确认受损信息是否被删除。点击"Clean Missing Data"组件的输出端口后，选择"Visualize"进行可视化。点击"Price"一列，确认右侧的"Statistics"→"Missing value"，若显示值为0（无受损数据），表明受损数据已被删除（如图4–31和图4–32所示）。

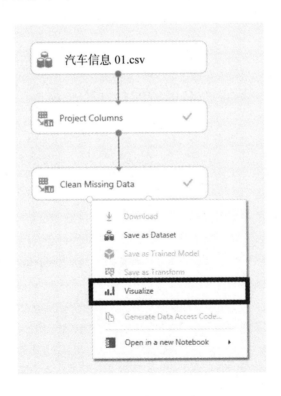

图 4–31　将"Clean Missing Data"组件的输出可视化

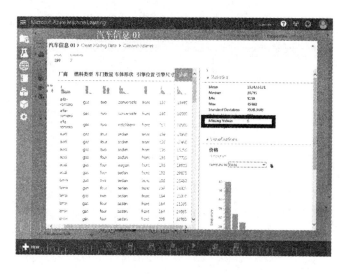

图 4-32　确认受损数据已删除

分离学习用数据和评价用数据

在机器学习中，并不是所有的数据都用于学习，非常典型的一种做法就是特地留出一部分数据用于之后的评价。在本模拟中也会留出一部分数据用于评价。

在 Azure ML 中，使用 "Split Data" 组件可以任意分割并分离数据。本次模拟将 70% 的数据用于学习、30% 的数据用于评价（如图 4-33 所示）。

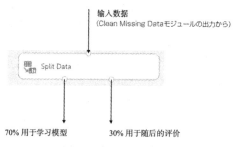

图 4-33　通过 "Split Data" 组件进行分割

分离学习用数据和评价用数据的步骤如下。

（1）添加"Split Data"组件。依次点击左侧菜单中的"Data Transformation"→"Sample and Split"，将"Split Data"拖拽至"canvas"操作板中的"Clean Missing Data"组件下方（如图4-34所示）。

图4-34　拖拽"Split Data"组件

（2）联接"Clean Missing Data"和"Split Data"。点击"Clean Missing Data"组件的输出端口，并拖拽至"Split Data"组件的输入端口，用线联接两个组件（如图4-35所示）。

图4-35　联接"Clean Missing Data"和"Split Data"组件

（3）设置分离率。点击"Split Data"组件，在右侧的"Properties"→"Split Data"→"Fraction of Rows in the First output Dataset"中输入 0.7。这样，左侧的输入端口有 70% 的数据输出，剩下的数据在右侧的输出端口输出（如图 4–36 所示）。

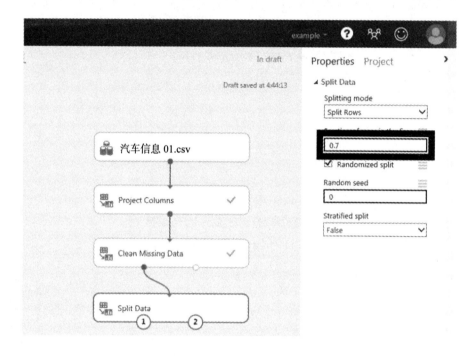

图 4–36　将左侧的输出端口比例更改为 0.7

> **备忘录**
>
> 　　由于默认情况下会勾选"Randomized split"，所以数据是被随机分配的。另外，"Random seed"是随机种子。默认情况下设置值为 0，使用系统时间。因此每次执行时，行的分配情况均不一样。如果设置为 0 以外的值，种子就会被固定，由此哪一行被分配至左右侧的哪一端，每次都是固定的。

构建学习逻辑

通过上述操作,就完成了用于机器学习模型中的数据相关准备。接下来我们通过组合学习组件和学习模型,构建学习逻辑。

构成回归分析的组件

在回归分析中,使用"Train Model"和某些回归分析组件构建学习逻辑。虽然有很多回归分析组件,但是在本次模拟中,我们使用"Linear Regression"这一线形回归组件。将这些组件用线联接起来加以运行之后,学习数据就会进入"Train Model"模型,从而完成学习(如图4-37所示)。

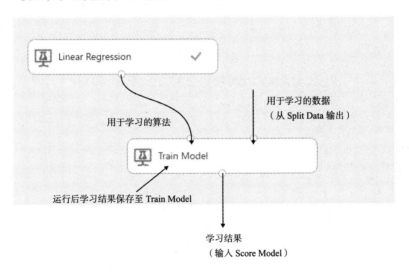

图4-37 构建回归分析的学习逻辑

添加"Linear Regression"组件和"Train Model"组件有以下几个步骤。

(1)添加"Linear Regression"。依次点击左侧菜单中的"Machine Learning"→"Initialize Model"→"Classification",并将"Linear Regression"拖拽至

canvas 操作板中的"Split Data"组件左侧（如图 4–38 所示）。

图 4–38　添加"Linear Regression"组件

（2）添加"Train Model"。依次点击左侧菜单中的"Machine Learning"→"Train"，并将"Train Mode"拖拽至 canvas 操作板中的"Linear Regression"组件的下方（如图 4–39 所示）。

图 4–39　添加"Train Model"组件

（3）联接"Linear Regression"组件和"Train Model"组件。点击"Linear Regression"组件的输出端口，拖拽至"Train Model"组件右上方的输入端口，用线联接两个组件。通过该操作，即可设置机器学习算法（如图 4–40 所示）。

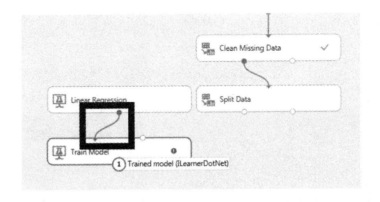

图 4-40　联接"Linear Regression"组件和"Train Model"组件

（4）联接数据。在"Train Model"组件右上方的输入端口需要联接用于学习的数据，请从"Split Data"组件的输出端口进行联接。由此，在机器学习模型中就添加了用于学习的数据（如图 4-41 所示）。

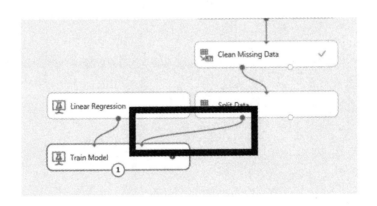

图 4-41　联接"Split Data"组件的输出端口和"Train Model"组件

（5）设置期望预测的列。变更"Train Model"组件的设置，指定期望预测的列。单击"Train Model"组件后，依次点击"Properties"→"Train Model"→"Label column"→"Launch column selector"（如图 4-42 所示）。

随后，会显示选择列窗口（Select a single column），即可选择用于预测的列。

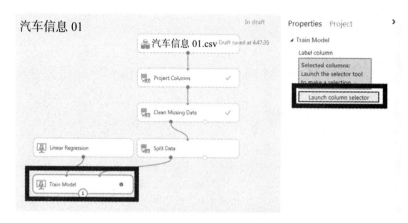

图 4-42　打开选择列窗口

在本模拟中，选择"价格"。依次选择"Include"→"column names"→"Price"，随后单击窗口下方的"√"，设置内容就会显示出来。最后请点击右上方的"×"，关闭窗口（如图 4-43 所示）。

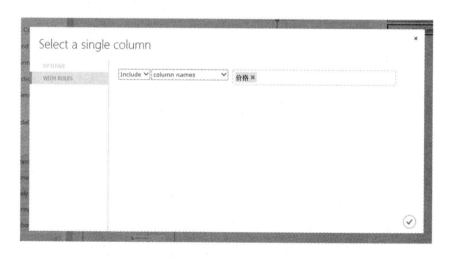

图 4-43　选择价格一列

使用已训练模型预测评价用数据

通过以上操作，我们就完成了学习之前的部分。点击"RUN"运行，就可以将学习结果保存至"Train Model"组件中（在这一阶段，既可以选择运行，也可以选择不运行，而是直接进入下一步操作）。

然而，仅仅完成以上操作，还不能断言就是真正地实现了机器学习。因此，我们接下来需要基于已有的学习结果，实际观察数据的预测结果。使用已训练的"Train Model"组件进行数据预测时，需要使用"Score Model"。在Score Model左上方的输入端口联接用于预测的数据，预测结果就会在输出端口输出（如图4-44所示）。

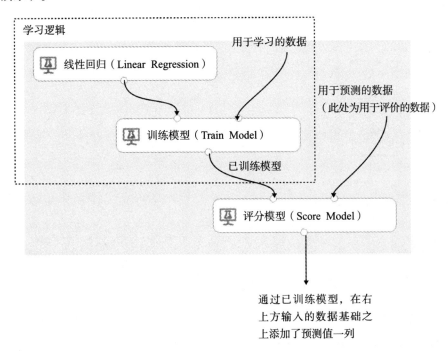

图 4-44　使用 Score Model 进行数据预测

使用评分模型进行数据预测

通过以下步骤，将通过"Split Data"组件分开的用于评价的数据导入"Score Model"组件中，来观察会产生怎样的预测结果。

（1）添加"Score Model"组件。依次单击左侧菜单中的"Machine Learning"→"Score"，并将"Score Model"组件拖拽至canvas操作板中的"Split Data"组件下方（如图4-45所示）。

图4-45 拖拽"Score Model"组件

（2）联接"Train Model"组件和"Score Model"组件。点击"Train Model"组件的输出端口，并拖拽至"Score Model"组件的左上方的输入端口，用线进行联接（如图4-46所示）。

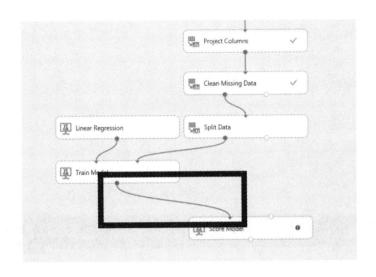

图 4–46　联接"Train Model"组件和"Score Model"组件

（3）在"Score Model"组件右上方输入用于预测的数据。在"Score Model"组件右上方的输入端口输入用于预测的数据。由于本模拟是使用"Split Data"组件分离出一部分评价用数据，所以请将"Score Model"组件的输入端口联接至"Split Data"组件的输出端口（如图 4–47 所示）。

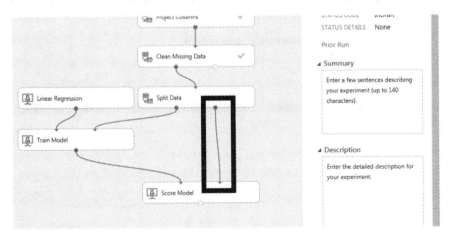

图 4–47　联接"Split Data"组件右侧的输出端口和"Score Model"组件右上侧的输入端口

（4）运行。运行模型，使模型进行学习。请点击界面下方的"RUN"运行（如图 4–48 所示）。

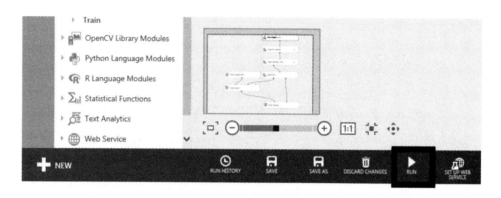

图 4–48　运行

（5）完成分析。稍候片刻，分析结束（机器学习需要花费一定的时间）。学习结束后，在界面的右上方会显示分析已结束的信息（如图 4–49 所示）。

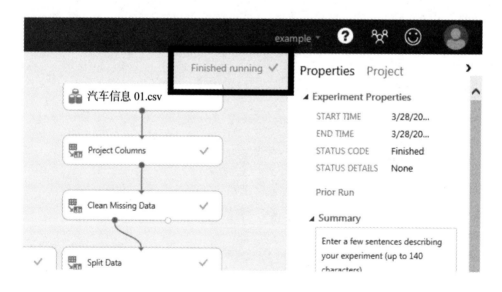

图 4–49　显示已完成运行的信息

确认预测值

接下来请确认"Score Model"组件已完成预测值的情况。点击"Score Model"组件的输出端口，选择"Visualize"进行可视化（如图4–50所示）。

图4–50 "Score Model"组件输出信息可视化

在从"Score Model"组件输出的数据中，增加了"Scored Labels"一列。这是预测数据。在评价用数据中，已经存在"价格（Price）"一栏。而"Scored Labels"是通过将"价格"以外的信息输入到"Train Model"组件中而获得的预测值——"预测价格"。

比较"价格"和"Scored Labels"，就会发现数值间存在联动关系（如图4–51所示）。"价格"和"Scored Labels"的值越相近，就意味着预测值越接近，也就是象征着"学习非常成功"（对于通过改变参数以及算法提高学习精度的方法，本书将在第6章予以详细说明）。

微软 Azure 机器学习实战手册

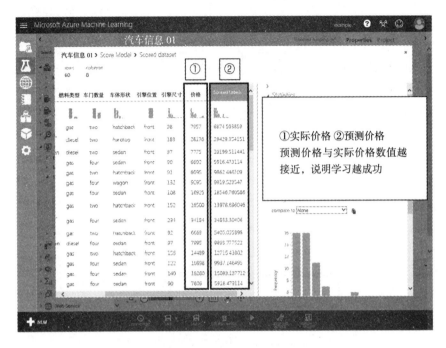

图 4-51　确认预测数据

总结

本章针对回归分析模型的制作方法进行了说明。

将学习数据导入学习模型

从数据集中读取数据，并导入至学习模型中。在回归分析模型中，使用"Train Model"组件作为学习模型。并且，在本次模拟中，使用"Linear Regression"作为回归分析的算法。

第 4 章 使用回归分析预测数据

使用评分模型进行预测

使用已训练模型及评分模型进行预测。在评分模型中导入预测用数据，就会在导出的数据中增加"评分标签"一列，这是学习模型预测的数据。

在本书的后续内容中，与本次模拟相关的章节如下。

（1）第 5 章：尝试使用已建回归分析模型。本章针对如何将各种数据导入已训练模型中进行实际预测进行了说明。

（2）第 6 章：提高预测精度。本章针对提高预测精确度的方法进行了说明，比如使用更好的算法或者调整参数。

（3）第 9 章：活用实验结果的 Web API 化一节。本章针对如何把制作完成的学习模型转换为网页服务的方法进行了说明。转换为 Web 服务后，就可以实现从 Web 表格输入数值即可显示预测值，或者从其他系统使用该机器学习模型。

第 5 章

尝试使用已建回归分析模型

　　学习结果是否正确、精度如何，对此虽然还有探讨的余地，但是整体来讲，我们通过第 4 章获得了可以从汽车规格明细预测价格并完成学习过程的模型（对于验证准确性、提高精度的方法，我们将在第 6 章进行讲解）。在本章，将使用已训练模型，即尝试获取"某一厂商想要生产某种规格的汽车时，价格大概是多少"这一结果，来进行实际的预测操作。

使用已训练模型进行计算

为使用已训练模型得到相应的结果，首先要准备数据并添加至"Score Model"组件中。

上传用于计算的数据集对象

首先，上传计算对象——数据集。在第4章中，我们创建了从"厂商""燃料类型""车门数量""车体形状""引擎位置""引擎尺寸"这六项汽车规格中预测出"价格"的学习模型。因此，需要准备符合相应形式的数据。在此，我们准备了名为"CarInfo_forecast.csv"的CSV文件。CSV文件样本可通过登录http://web-cache.stream.ne.jp/www11/nikkeibpw/itpro/AzureML-GuideBook/sample.zip 事先进行下载。

在CSV文件中需要注意的是，所求列——"价格"一列不能为空白列。如果是空白列的话，就会作为受损数据进行处理，导致无法判断学习用数据列和评价用数据列构成是否一致，从而无法输出用于评价的数据。因此，需要在此加入一些虚假数据，或者通过"Clean Missing Data"组件等方式补全受损数据。在此，我们就简单的在价格一列当中输入"0"（如图5–1所示）。

第 5 章 尝试使用已建回归分析模型

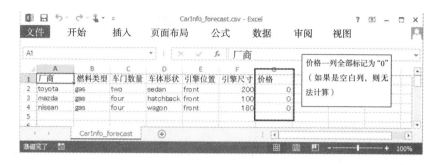

图 5–1　CSV 示例：输入规格明细预测价格

首先，将 CSV 数据上传至"Datasets"中。按照第 4 章"上传用于分析的数据集"一节中所讲的顺序，从"+NEW"中上传。在此，我们命名为"汽车信息预测数据 .csv"（如图 5–2 所示）。

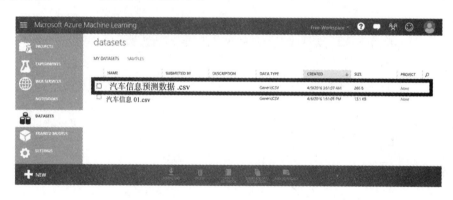

图 5–2　将 CSV 数据上传至"Datasets"

在评分模型右上方输入数据即可得出结果

在第 4 章"用已训练模型预测用于评价的数据"一节中，在"Score Model"组件的右上方输入的是"用于评价的数据"，在本节中，如果输入现在下载的"汽车信息预测数据"，就可以得到想要的结果，即像图 5–3 那样，重新进行连线（但我们不建议这样修改设置）。

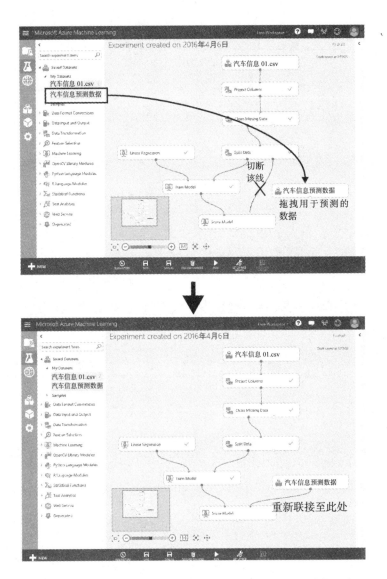

图 5-3　将用于预测的信息联接至"Score Model"组件右上方

如果像图 5-3 所示那样进行联接，那么单击"Score Model"选择"Visualize"进行可视化，在"Score Labels"中就会输出预测价格，即通过已训练模型可以顺利计算出预测值（如图 5-4 所示）。

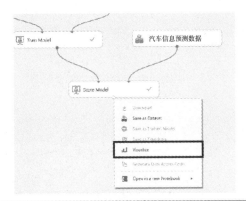

图 5-4　确认"Score Model"的输出信息（结果虽然正确，但不建议这样做）

保存已训练模型，使其在其他 Experiment 中也可以使用

但是，我们不使用上述方法。为什么这么说呢，因为这样会导致每次运行都会重新学习。一般情况下，"学习时的 Experiment"和"使用时的 Experiment"是分开的。具体来讲，在"学习时的 Experiment"中，学习结束后的模型会保存为"已训练模型"。然后，再创建新的 Experiment，使用已训练模型进行可以计算预测值的作业流程。如果将"学习时的 Experiment"和"使用时的Experiment"分开，后者在运行时就无需进行重新学习，也无需学习数据（如图 5-5 所示）。

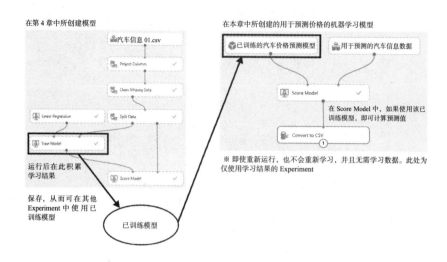

图 5-5　通过其他的 Experiment 使用已训练模型

保存已训练模型

保存已训练模型的操作方法非常简单。右键单击"Train Model"组件，选择"Save as Trained Model"即可。请按照以下步骤，保存为"已训练的汽车价格预测模型"。

图 5-6　保存为"Trained Model"

（1）保存已训练模型。点击"Train Model"组件，选择"Save as Trained Model"（如图 5-6 所示）。

（2）进行命名。在此我们命名为"已训练的汽车价格预测模型"，并点击"√"（如图 5-7 所示）。

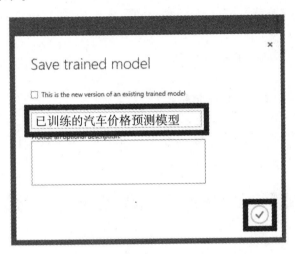

图 5-7　命名

通过以上步骤就完成了保存已训练模型。点击"Trained Model"标签，即可确认是否已保存（如图 5-8 所示）。

图 5-8　点击"Trained Model"标签进行确认

使用已训练模型进行预测

接下来，我们就使用保存后的"已训练的汽车价格预测模型"实际进行价格预测的操作。

新建用于预测的 Experiment

新建空白 Experiment 的步骤如下。

（1）单击打开"Experiment"，然后点击界面左下侧的"+NEW"（如图 5-9 所示）。

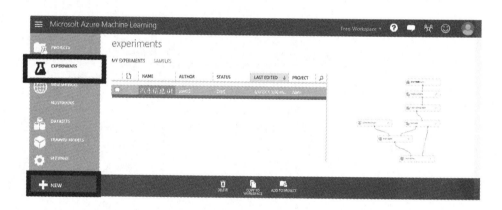

图 5-9 从"Experiment"菜单新建 Experiment

（2）打开"Microsoft Samples"，会显示几个 Experiment 模板。由于此次需要全新的 Experiment，所以请点击"Blank Experiment"创建空白 Experiment（如图 5-10 所示）。

第 5 章　尝试使用已建回归分析模型

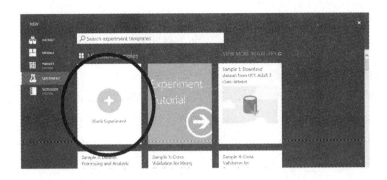

图 5-10　选择"Blank Experiment"

创建可进行数据预测的机器学习模型

打开空白 Experiment，在此建模。创建可进行数据预测的机器学习模型步骤如下。

（1）添加含有预测数据在内的 CSV 文件。依次单击左侧菜单中的"Saved Datasets"→"My Dataset"，将事先上传的"汽车信息预测数据.csv"通过拖拽添加至 canvas 操作板中（如图 5-11 所示）。

图 5-11　添加含有预测数据在内的 CSV 文件

（2）添加"Trained Model"。添加刚才事先保存的"Trained Model"。在"Trained Model"下方有保存后的"已训练的汽车价格预测模型"，所以可直接拖拽至 canvas 操作板中进行添加（如图 5-12 所示）。

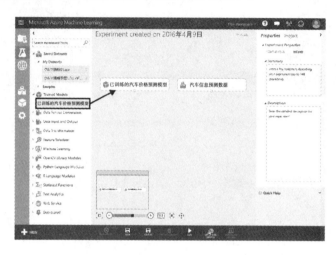

图 5-12　添加"Trained Model"

（3）添加"Score Model"。依次单击"Machine Learning"→"Score"，将"Score Model"拖拽至 canvas 操作板中（如图 5-13 所示）。

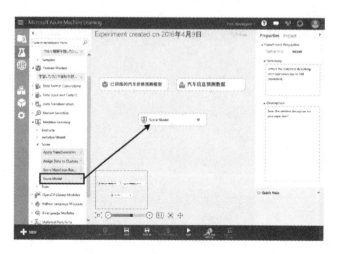

图 5-13　添加"Score Model"

（4）设置学习模型和数据。在已添加的"Score Model"组件的左上方联接"Trained Model"，右上方联接含有预测数据在内的 CSV 文件（如图 5-14 所示）。

图 5-14　设置学习模型和数据

观察运行结果

通过以上步骤，就完成了设置。运行后，将"Score Model"组件的输出端口可视化，即可显示预测结果（如图 5-15 所示）。运行结果同图 5-4 中的一致。

图 5-15　运行后可视化

如上述所示，将结束学习的学习模型保存为"Trained Model"，使用其学习结果，就可以实现各种计算。

>
>
> 使用 Data Input，直接输入数据
>
> 在操作过程当中，会出现想要尝试输入新数据的情况，但是如果重新上传 CSV 文件，就非常麻烦。因此，此时可以使用"Data Input and Output"下面的"Enter Data Manually"功能，是非常方便的。点击该组件就会显示程序的编辑界面，可以直接手动输入数据（如图 5-16 所示）。

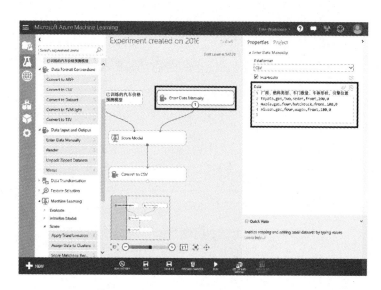

图 5-16　使用"Enter Data Manually"

以 CSV 形式输出

通过以上内容我们知道，将"Score Model"组件的输出结果可视化，即可获得结果，但是能够可视化的只有最初的 100 行，并且只能查看结果，不能将其用

于其他途径。当想要将结果用于其他途径时，可以采用以 CSV 形式进行输出。

数据转换组件

转换数据形式时，可使用"Data Format Conversations"中的组件。比如，使用"Convert to CSV"，即可转换为 CSV 形式。

下面是以 CSV 形式进行下载的步骤。

（1）添加"Convert to CSV"。单击左侧菜单中的"Data Format Conversations"，将"Convert to CSV"拖拽至 Score Model 下方进行添加（如图 5-17 所示）。

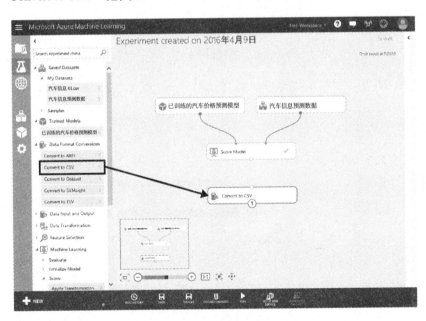

图 5-17　添加"Convert to CSV"

（2）联接"Score Model"组件和"Convert to CSV"组件，即联接"Score Model"组件的输出端口和"Convert to CSV"的输入端口（如图 5-18 所示）。

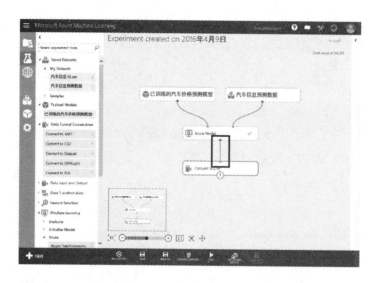

图 5-18 联接"Score Model"组件和"Convert to CSV"组件

通过以上步骤就完成了设置。运行时，点击"Convert to CSV"的输出端口，从"Download"菜单中即可选择以 CSV 文件形式下载（如图 5-19 所示）。

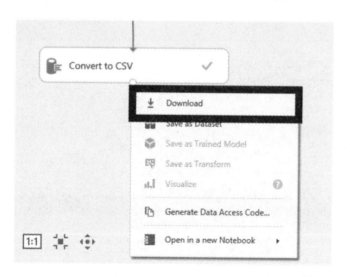

图 5-19 以 CSV 文件形式进行下载

> **备忘录**
>
> 在输出时，可以选择不以文件形式下载，而是保存至 Azure 的存储器或数据库中。此时，需要使用"Data Input and Output"中的 Writer 组件。

总结

本章针对学习结果的使用方法进行了说明。

（1）保存为"Trained Model"。使用学习结果时，需要将学习模型保存为"Trained Model"。这样一来，就可以在其他 Experiment 中使用。

（2）将与学习数据具有相同列结构的数据加入"Score Model"中。使用"Trained Model"进行计算时，需要使用"Score Model"。加入到"Score Model"中的数据（计算数据），必须与学习数据具有相同的列结构。

（3）使用"Convert to CSV"等组件下载。将计算结果作为数据加以使用时，需使用"Convert to CSV"等组件，以特定形式进行下载。

第 6 章

提高预测精度

在第 4 章中,我们创建了线性回归分析模型,实现了从车辆规格预测价格的目标。那么接下来,在本章中,将要针对如何通过调整提高预测精度进行说明。

提高预测精度的方法

要想提高机器学习模型的预测精度，有以下几种方式。接下来，我们会按照以下顺序介绍提高预测精度的方法。

（1）更改学习组件参数。学习组件中含有几个设置参数，因此可通过调整设置参数提高精确度。这个操作相当于对机器学习模型进行微调。

（2）更改学习组件。学习组件的实质是学习算法，因此可通过改变学习组件来改变精度。在第4章中，我们使用了线性回归分析模型——"Linear Regression"，但是，如果我们将"Linear Regression"更改为其他回归模型，就有可能提高预测精度。因此,学习组件的选择极其重要。使用了不恰当的学习组件，精度就会下降。

（3）更改计算项目。在机器学习中，用于学习的数据项目也非常重要。比如，在第4章中，我们从"厂家""燃料类型""车门数量""车体形状""引擎位置""引擎尺寸"这些信息来获取"价格"。但是，哪一项和"价格"变动有关还有待探讨。随着数据项目的增加，也就是通过厂商、燃料类型、车门数量、车体形状、驱动轮、引擎位置、轴距、长、宽、高、引擎尺寸、价格等，来增加计算项目，找到与价格关联度较高的项目，从而可以提高获得理想结果的可能性。相反，如果无关数据过多，导致结果并不理想，那就可以削减项目，减少干扰数据，从而获得理想结果。

（4）加大学习力度。一般情况下，机器学习的数据（在DBMS中，有"列"和"行"，列相当于数据项目，"行"相当于记录数）越多，其精度就越高（然而，虽然在最初阶段很少发生，但是也可能存在学习过度的问题）。如果数据数量不够，可以使用"Cross Validate Model"组件，增加相似数据。

确认目前的预测精度

第一步,确认目前机器学习模型的预测精度达到什么水平。如果不做这一步,就无法判断目前的学习模型是好是坏。确认预测精度时,需要使用"Evaluate Model"组件。

使用评估模型对分析结果进行评价

首先,打开在第 4 章中所建线性回归分析模型的 Experiment,添加"Evaluate Model"组件。

添加"Evaluate Model"组件的步骤如下。

(1)添加"Evaluate Model"组件。依次点击左侧菜单中的"Machine Learning"→"Evaluate",并将"Evaluate Model"拖拽至 canvas 操作板中"Score Model"组件的下方(如图 6-1 所示)。

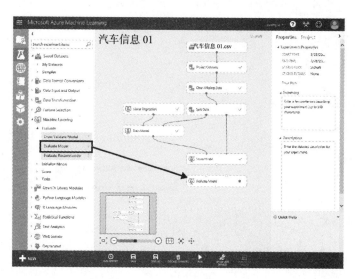

图 6-1 拖拽"Evaluate Model"

（2）联接"Score Model"组件和"Evaluate Model"组件。点击"Score Model"组件的输出端口，并和"Evaluate Model"组件左上方的输入端口进行拖拽联接，用线将两个组件联接起来（如图6–2所示）。

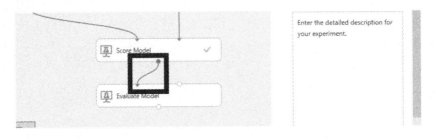

图6–2　联接"Score Model"组件和"Evaluate Model"组件

（3）运行。点击界面下方的"RUN"运行。运行时需要花费一定时间。请等待至右上方显示"finished running"。

（4）确认显示结果。单击"Evaluate Model"组件的输出端口，并选择"Visualize"进行可视化，由此就可以显示评价结果（如图6–3所示）。

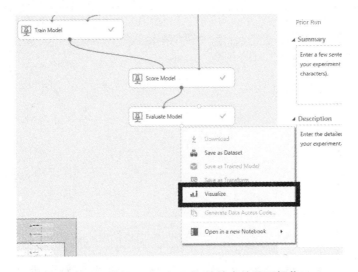

图6–3　"Evaluate Model"的输出结果可视化

确认评价结果

"Evaluate Model"的评价结果如图6-4所示。通过图6-4中所示数值,即可对预测精度进行判断。使用线性回归分析组件时,"Evaluate Model"组件中数值所示含义详见表6-1。其中最常用的指标参数是"决定系数"(Coefficient of Determination)。该值越接近1,预测精度越高。

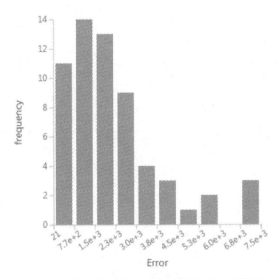

图6-4 对第4章所建机器学习模型的评价结果

> **备忘录**
>
> 根据所用学习组件的不同,从"Score Model"组件中输出的数据会有所差异。因此,从"Evaluate Model"组件中输出的结果,也会由于学习组件的不同而有所不同。在此展示的是使用线性回归分析模型的情况。

表 6-1　在"Evaluate Model"中组件输出参数的含义

参数英文名称	中文名称	含义
Mean Absolute Error（MAE）	平均绝对误差	正确值和预测值的误差（绝对值）平均值越接近 0,表明分析精确度越高
Root Mean Squared Error（RMSE）	均方根误差	将正确值和预测值的误差平方后得到的平均方根值越接近 0,表明分析精确度越高
Relative Absolute Error	相对绝对误差	将 MAE 正则化,用 0~1 的数值表示,越接近 0,表明分析精确度越高
Relative Squared Error	相对均方误差	将 RMSE 正则化,用 0~1 的数值表示,越接近 0,表明分析精确度越高
Coefficient of Determination	决定系数	用 0~1 的数值表示预测值与正解之间的误差,越接近 1,表明预测精确度越高

更改参数提高精确度

对第 4 章创建的机器学习模型的评价结果如图 6-4 所示,其中"Coefficient of Determination"的值为 0.980174。那么接下来,我们通过调整"Linear Regression"的参数来优化这一数值。

更改 Linear Regression 的参数

点击"Linear Regression",右侧显示属性(如图 6-5 所示)。在"Linear Regression"组件中,主要可以修改以下两个参数。

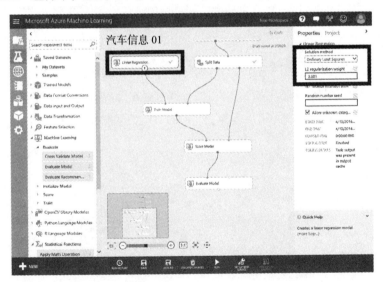

图 6-5 "Linear Regression"的属性

解决方法

选择"在线梯度下降法"(Online Gradient Descent)或"最小二乘法(Ordinary

Least Squares)"中的任意一个。两者均是以缩小正确值与实际值之间的误差为目的，但是求值方法有所不同。在此虽不做详细说明，但是值得一提的是，在线梯度下降法求的是图表的变化趋势，而最小二乘法求的是正确值与实际值之差。多数情况使用"最小二乘法"。选择"在线梯度下降法"时，一部分选项会发生变化。

L2 正则化方法

在最小二乘法中，通过调整计算公式，使在学习用数据中的"实际值"与"预测值"之差的二次方最小。此时为校正参数。在此虽然不做详细说明，但是该值越小说明与实际值越贴近，越大说明与实际值偏离越大。默认情况下，该值为0.001，但是数据误差大时，将该数值也调大，误差小时，将该数值调小，这样精确度会越来越高。

将"L2 regularization weight"分别更改为"0.01"和"0.001"时，"Evaluate Model"的输出情况如图6-6所示。其中，将数值更改为"0.001"时，精确度无变化，但是，更改为"0.01"时，结果变为了0.908434，精确度有所提高。

图6-6　变更"L2 regularization weight"时精度的变化

数值越大越好还是越小越好，这要根据数据的不同，其判断标准也不同，不能一概而论。但是，可以断言的是，通过如上调整，可以有效提高精度。

优化学习组件

在第 4 章中，我们使用了"Linear Regression"作为学习组件，但其实也可以使用其他学习组件进行回归分析。当选择其他学习组件时，会根据所选组件是否符合学习数据及期待结果，出现精度升高或下降。

可用于回归分析的学习组件种类

在回归分析中，可使用"Machine Learning"→"Initialize Model"→"Regression"下方的 8 种学习组件（如图 6-7 所示）。

（1）有序回归（Ordinal Regression）。该组件在分析有序数据（如针对"1= 好""2= 普通""3= 不好"等具有分类的数据）时使用。

（2）泊松回归（Position Regression）。该组件在预测某事件发生频率（如"一小时内经过的人数""一天内接收的邮件""一定时间内来的客人"等）时使用。

（3）快速森林分位数回归（Fast Forest Quantile Regression）。该组件用来预测数据的分布情况。

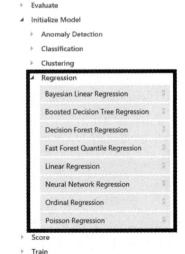

图 6-7　可用于回归分析的学习组件种类

（4）线性回归（Linear Regression）。该组件在以线性模式分析时使用，一般用于预测随着某种数据的增减，会造成结果的增减变化。

（5）贝叶斯线性回归（Bayesian Linear Regression）。该组件与线性回归组件一样，但是用于概率分布。

（6）神经网络回归（Neural Network Regression）。使用神经网络的回归组件可以显示非线性模型的确定界限，尽管这一组件精度高，但是学习时间长。

（7）决策森林回归（Decision Forest Regression）。该组件与快速森林分位数回归组件一样，也用于预测分布情况，可以显示非线性模型的确定界限。尽管这一组件精度高，但是学习时间长。

（8）提升决策树回归（Boosted Decision Tree Regression）。该组件具有高精度、高学习速度、高记忆成本的特点。

更改为贝叶斯线性回归

如果变更了学习组件会产生怎样的效果呢？在第 4 章中，我们使用了线性回归组件，接下来我们将其更改为同为线性模型的贝叶斯线性回归组件。

更改为贝叶斯线性回归的步骤如下。

（1）删除从"Linear Regression"组件伸展出来的连线。右键单击从"Linear Regression"联接至"Train Model"的连线，选择"Delete"进行删除（如图 6-8 所示）。

第 6 章 提高预测精度

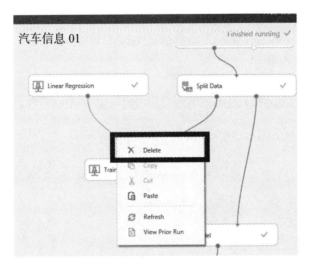

图 6-8　删除连线

（2）添加"Bayesian Linear Regression"组件。依次单击"Machine Learning"→"Regression"，并通过拖拽添加"Bayesian Linear Regression"组件（如图 6-9 所示）。

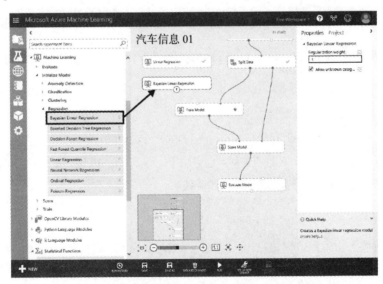

图 6-9　添加"Bayesian Linear Regression"组件

（3）联接"Train Model"。通过拖拽的方式，联接步骤（2）中添加的"Bayesian Linear Regression"组件的输出端口与"Train Model"组件左上侧的输入端口（如图6-10所示）。

图6-10 联接"Bayesian Linear Regression"组件和"Train Model"组件

> 备忘录
>
> 由于已不再使用Canvas操作板中的"Linear Regression"组件，可右键选择"Delete"进行删除。但是由于还可以通过连线再次使用，所以在实验过程当中不删除留作以后使用较好。

通过以上步骤即可完成操作。运行后，"Evaluate Model"的输出结果如图6-11所示。尽管与之前的"Linear Regression"的表现形式有所不同，但是"Coefficient of Determination"的值变为0.9125，可见精度有所提高。

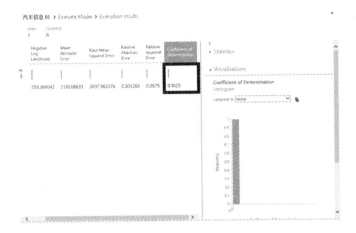

图 6–11 变更为"Bayesian Linear Regression"后"Evaluate Model"的输出结果

> **备忘录**
>
> 变更为"Bayesian Linear Regression"后的输出结果精度虽然有所提高,但是并不能说"Bayesian Linear Regression"就一定比"Linear Regression"更优越。根据学习数据的不同,也可能会出现"Linear Regression"精度更高的情况,请加以注意。在学习算法中,并不存在"最好的方式",所以,根据学习内容的不同,选择合适的方式是非常重要的。

使用有限的学习数据进行检验

在第 4 章中准备的用于学习的 CSV 数据一共有 205 行。如果这个数据总数能有所增加,分析精度也会有所提高。但是,本书中所提供的样品数据总量无法增加,而且在很多情况下,就算是想要增加数据总量,也无法立刻实现。此时,就可以使用"Cross Validate Model"组件,反复分析、评价同一数据。由此可以增加类似数据量,从而提高精度。

第 4 章所建学习模型

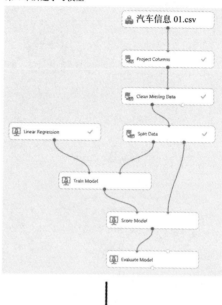

替换为"Cross Validate Model"

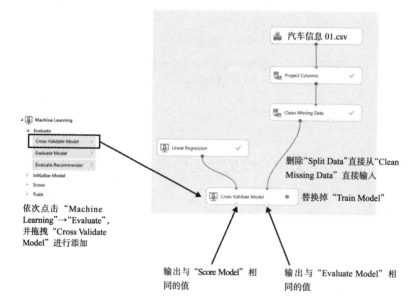

图 6-12 用"Cross Validate Model"替换

使用"Cross Validate Model"组件

"Cross Validate Model"是进行交叉验证的组件。交叉验证是将分析数据分为 n 等份，1 份用于评价，剩余的（n-1）份用于学习使用，由此建模进行评价。重复 n 次后，获取精度平均值，作为预测精度值。默认情况下，n=10（可通过"Data Transformation"→"Sample and Split"中的"Partition and Sample"组件更改 n 的值）。

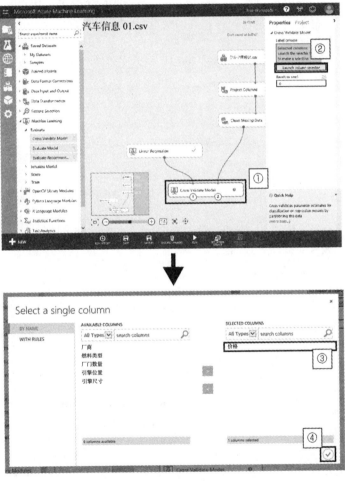

图 6-13　设置"Cross Validate Model"

在第 4 章中，我们使用"Split Data"组件将数据分为学习用数据和评价用数据，各自比率分别为 70% 和 30%。也就是说，只用 70% 的数据用于学习。但是，如果使用"Cross Validate Model"，就有整体数据的"（n−1）/n"（n 为 10 时，为 90%）可用于学习。

用"Cross Validate Model"替换"Train Model""Score Model"及"Evaluate Model"后的结构如图 6–12 所示。在"Cross Validate Model"中有两个输出端口。从左侧输出端口可以得到与"Score Model"组件相同的结果；从右侧输出端口可以得到与"Evaluate Model"组件相同的结果。

但是，在"Cross Validate Model"的属性中，需要像"Train Model"一样，确定要预测列的名称（如图 6–13 所示）。

确认"Cross Validate Model"的评价结果

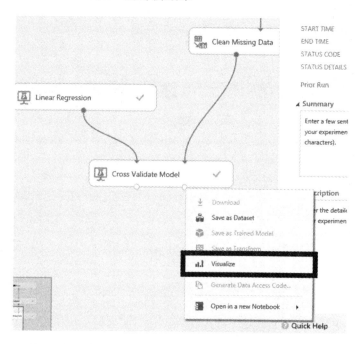

图 6–14　可视化"Cross Validate Model"的右侧输出内容

单击“Cross Validate Model”右侧的输出端口，选择“Visualize”进行可视化，即可参考评价结果（如图 6–14 所示）。

“Cross Validate Model”可反复评价，所以存在多个可视化结果。比如，在 n 为 10 的情况下，会显示 10 种结果。位于倒数第二行的“Mean”一行，显示为各评价的平均值。该平均值与迄今为止所确认的输出内容具有相同含义。通过该数值，即可确认所选学习组件以及学习组件的参数是否合适（如图 6–15 所示）。

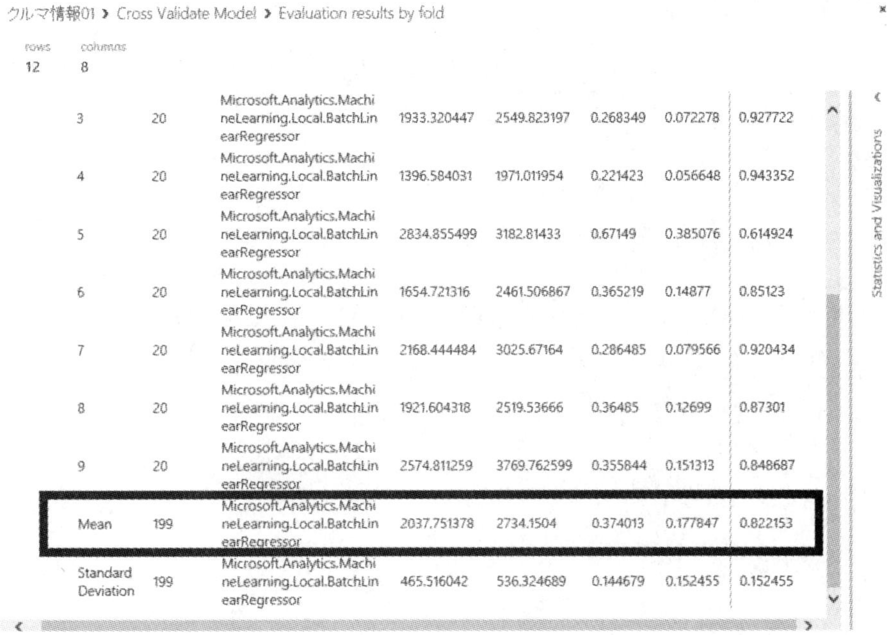

クルマ情報01 › Cross Validate Model › Evaluation results by fold

rows 12　columns 8

3	20	Microsoft.Analytics.MachineLearning.Local.BatchLinearRegressor	1933.320447	2549.823197	0.268349	0.072278	0.927722
4	20	Microsoft.Analytics.MachineLearning.Local.BatchLinearRegressor	1396.584031	1971.011954	0.221423	0.056648	0.943352
5	20	Microsoft.Analytics.MachineLearning.Local.BatchLinearRegressor	2834.855499	3182.81433	0.67149	0.385076	0.614924
6	20	Microsoft.Analytics.MachineLearning.Local.BatchLinearRegressor	1654.721316	2461.506867	0.365219	0.14877	0.85123
7	20	Microsoft.Analytics.MachineLearning.Local.BatchLinearRegressor	2168.444484	3025.67164	0.286485	0.079566	0.920434
8	20	Microsoft.Analytics.MachineLearning.Local.BatchLinearRegressor	1921.604318	2519.53666	0.36485	0.12699	0.87301
9	20	Microsoft.Analytics.MachineLearning.Local.BatchLinearRegressor	2574.811259	3769.762599	0.355844	0.151313	0.848687
Mean	199	Microsoft.Analytics.MachineLearning.Local.BatchLinearRegressor	2037.751378	2734.1504	0.374013	0.177847	0.822153
Standard Deviation	199	Microsoft.Analytics.MachineLearning.Local.BatchLinearRegressor	465.516042	536.324689	0.144679	0.152455	0.152455

图 6–15　确认“Cross Validate Model”的评价结果

总结

在本章我们介绍了提高学习精度的方法。

（1）确认当前预测精度。使用"Evaluate Model"确认当前预测精度。"Coefficient of Determination"是显示评价结果优劣的指标，其数值越接近1，表示精度越高。

（2）更改参数。通过更改学习组件参数，寻找到更正确的方式，从而提高学习精度。

（3）更改学习组件。根据学习数据与预期结果的性质，选择合适的学习组件，提高精度。

（4）反复学习。使用"Cross Validate Model"，可实现即使只有少数数据，也能进行反复学习。

第 7 章

通过统计分类进行判断

本章将介绍在 Azure ML 进行"统计分类"(Classification)的方法。分析模型的构造同回归分析非常相似,仅仅是使用的学习组件不同。

什么是统计分类

统计分类用于预测分类类型。例如，如果有"身高"和"体重"的数据，统计分类就可以大致预测这是属于小学生的数据还是中学生的数据。像这样，在数据当中提取出"小学生""中学生"等分类类型的方式就是统计分类。在 Azure ML 中，可实现将整体"二元分类"或"多元分类"，并且根据选择的分类方式不同，所使用的学习组件也不同。

与我们在第 4 章中所讲述的回归分析有很大不同，统计分类是用于决定分类类型的，而不是求具体的计算数值。比如，计算明天"预计气温"数值的是回归分析；而计算明天是"雨天""多云"还是"晴天"，对此进行分门别类的是统计分类。

统计分类经常用于从实际情况推测因果关系。例如从"嗓子痛""头痛"等问诊结果，医生可以推测出"基于以上症状，得某种病的可能性较高"这一结论，由此用于对疾病分门别类。

本模拟所实现目标

本模拟所建模型为可预测个人年收入为"超过 5 万美元"还是"5 万美元以下"的机器学习模型。基本数据是"年龄""学历""职业"等显示个人属性的信息。将这些数据加入到统计分类模型中，即可学习何种属性的人具有何种收入。

学习结束后，在已训练模型中输入"年龄""学历""职业"等显示个人属性的信息后，即可推测出其收入是"超过 5 万美元"还是"5 万美元以下"（如图 7–1 所示）。

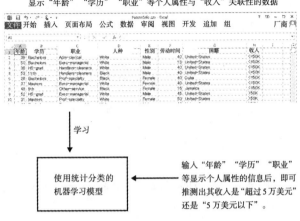

图 7-1 统计分类示例

本模拟所建模型

可按照图 7-2 的方式完成本模拟中所需的机器学习模型。统计分类组件有很多,在此我们使用可进行二元分类的"Two-Class Decision Forest"组件。

该学习模型和在第 4 章中所介绍的回归分析模型非常相似。不同之处只是使用"Two-Class Decision Forest"组件这一点。

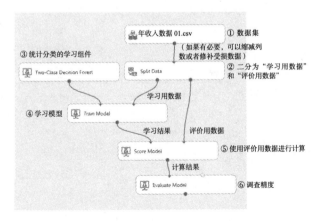

图 7-2 本模拟中所建模型

然而，在本模拟中，并不会用到在第 4 章中使用的“Project Columns”组件来缩减列数以及用“Clean Missing Data”组件来修补受损数据。因为在本次提供的基本数据 CSV 文件中，所有数据均为必要且无受损数据。如果希望缩减列数或者弥补受损数据，可以参考第 4 章有关在“Split Data”组件之前加入相应的组件的知识来整理数据。

用统计分类创建分类机器学习模型

那么接下来我们就进入正题，使用分类统计创建分类机器学习模型。

新建数据集

首先将要使用的数据以数据集的形式上传。本模拟中使用的分析数据是 CSV 形式数据，读者可事先登录网址 http://web-cache.stream.ne.jp/www11/nikkeibpw/itpro/AzureML-GuideBook/sample.zip 完成下载。

本模拟中使用的是“PersonInfo.csv”文件（如图 7–3 所示）。

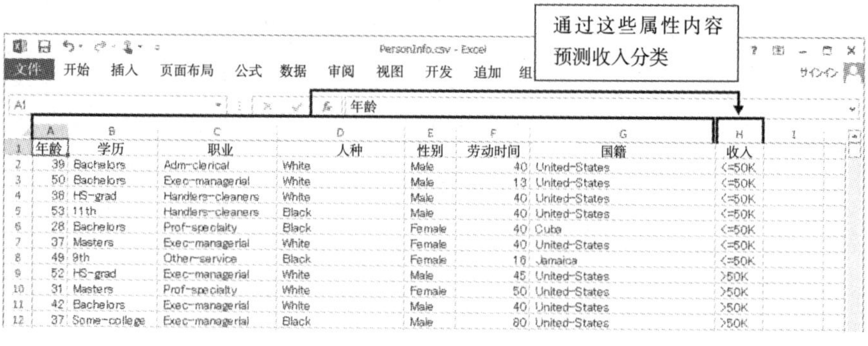

年龄	学历	职业	人种	性别	劳动时间	国籍	收入
39	Bachelors	Adm-clerical	White	Male	40	United-States	<=50K
50	Bachelors	Exec-managerial	White	Male	13	United-States	<=50K
38	HS-grad	Handlers-cleaners	White	Male	40	United-States	<=50K
53	11th	Handlers-cleaners	Black	Male	40	United-States	<=50K
28	Bachelors	Prof-specialty	Black	Female	40	Cuba	<=50K
37	Masters	Exec-managerial	White	Female	40	United-States	<=50K
49	9th	Other-service	Black	Female	16	Jamaica	<=50K
52	HS-grad	Exec-managerial	White	Male	45	United-States	>50K
31	Masters	Prof-specialty	White	Female	50	United-States	>50K
42	Bachelors	Exec-managerial	White	Male	40	United-States	>50K
37	Some-college	Exec-managerial	Black	Male	80	United-States	>50K

图 7-3　PersonInfo.csv 的内容

"PersonInfo.csv"文件具有以下内容：

年龄；学历；职业；人种；性别；劳动时间；国籍；收入。

其中，"收入"是显示分类类型的部分。记录方式如下所示：

- 高于5万美元（>50k）；
- 低于5万美元（<=50k）。

在本模拟中所建模型的输入内容为年龄、学历、职业、人种、性别、劳动时间、国籍，输出内容为">50k"或"<=50k"。

打开 Azure ML 的"Database"，将该 CSV 文件上传为数据集，使该文件可以在 Azure ML 中使用（参考第 4 章"上传用于分析的数据集"一节的内容）。上传时，可以在"ENTER A NAME FOR THE NEW DATESET"处为数据集命名，在此我们将该数据集命名为"年收入数据 01.csv"（如图 7-4 所示）。

图 7-4　上传并命名为"年收入数据 01.csv"

新建 Experiment

完成数据集的上传后,打开"Experiment",单击"+NEW",新建 Experiment(请参考第 4 章"新建 Experiment"一节相关内容)。将 Experiment 按照上述方式命名为"个人年收入预测 01"(如图 7-5 所示)。

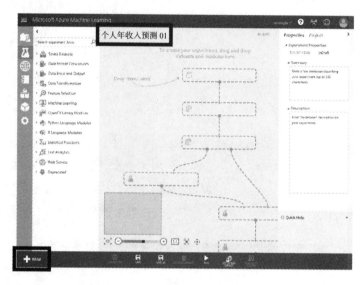

图 7-5 新建 Experiment,命名为"个人年收入预测 01"

创建数据集

新建 Experiment 后,开始创建机器学习模型。首先,添加数据集,完成"Split Data"组件前的步骤,形成数据流。

创建及分离数据集的步骤如下。

(1)添加数据集。在左侧菜单中,依次点击"Saved Datasets"→"My Dataset"→"Datasets",将事先上传的"年收入数据 01.csv"拖拽至 canvas 操作板中进行添加(如图 7-6 所示)。

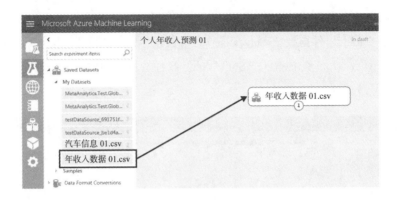

图 7-6 添加数据集

（2）确认数据集组件内容。点击在步骤（1）中所添加数据集的输出端口，选择"Visualize"进行可视化，即可查看数据集内容，确认数据有无受损。然而，由于本模拟中所提供的 CSV 数据中不含受损数据（Missing Values 为 0），所以可跳过本步骤（如图 7-7 所示）。

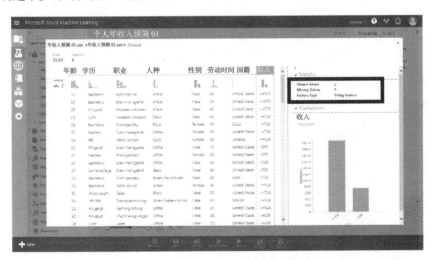

图 7-7 确认是否存在受损数据等

（3）添加"Split Date"组件。同第 4 章的模拟一样，本次模拟也是将一部分数据用于学习，剩余数据用于评价，因此需要使用"Split Data"组件进行数据分离。依次点击左侧菜单中的"Data Transformation"→"Sample and Split",并将"Split Data"组件拖拽至 canvas 操作板中数据集组件的下方。随后,点击数据集组件的输出端口,并拖拽至"Split Data"组件的输入端口,用线进行联接(如图 7–8 所示)。

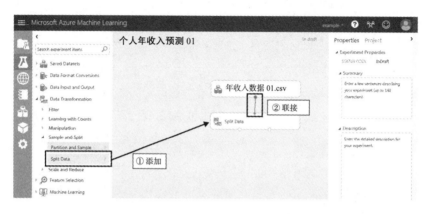

图 7–8　添加"Split Data"组件并联接

(4)设置分离率。单击"Split Data"组件,依次点击右侧菜单中的"Properties"→"Split Data",并在"Fraction of rows in the first output dataset"中输入数值"0.7"。由此,0.7(70%)的数据从左侧端口输出,剩下的数据从右侧端口输出(如图 7–9 所示)。

图 7–9　将左侧输出比率更改为 0.7

构建学习逻辑

接下来，我们就通过学习组件和学习模型来构建学习逻辑。在此使用的方法是将学习模型"Train Model"和二元分类组件"Two-Class Decision Forest"进行组合。

联接"Train Model"和"Two-Class Decision Forest"的步骤如下。

（1）添加"Train Model"。依次点击左侧菜单中的"Machine Learning"→"Train"，并将"Train Model"拖拽至"Split Data"组件下方。点击"Split Data"组件左下方的输出端口，并拖拽至"Train Model"组件右上方的输入端口，用线联接两组件。通过此操作，可以让用于学习的数据联接至"Train Model"中（如图7–10所示）。

图7–10 添加"Train Model"组件并联接

（2）设置预测列。更改"Train Model"组件的设置，确定预测列。单击"Train Model"组件后点击右侧的"Launch column selector"（如图7–11所示）。

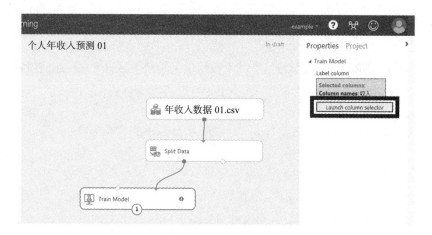

图 7-11　打开选择列窗口

此时选择列窗口被打开，选择要预测的列。在此选择"收入"一列。依次选择"Include"→"column names"→"收入"后，点击窗口右下方的"√"，就会显示相应的设置结果。显示后点击右上方的"×"进行关闭（如图 7-12 所示）。

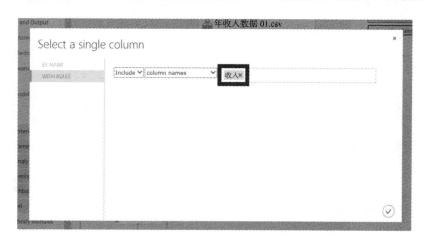

图 7-12　选择"收入"一列

（3）添加"Two-Class Decision Forest"组件。选择决定学习方法的学习组件。本模拟使用二元统计分类方法，因此依次选择"Machine Learning"→"Initialize Model"→"Classification"→"Two-Class Decision Forest"，进行添加，并同"Train

Model"组件左上方的输入端口进行联接(如图 7-13 所示)。

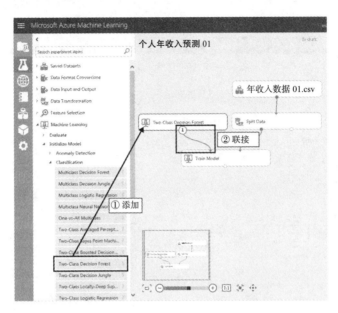

图 7-13 添加"Two-Class Decision Forest"组件并与"Train Model"组件联接

预测和评价

最后,使用已训练的学习模型,添加可预测数据的"Score Model"组件,并将通过"Split Data"组件分离出来的用于评价的数据导入模型中。由此一来,即可知道学习结果适用于评价数据这一结果。另外,为了调查学习结果精度,可联接至"Evaluate Model"组件中。

添加"Score Model"和"Evaluate Model"组件的步骤如下。

(1)添加"Score Model"组件。为让已建学习模型适用于评价数据并求得结果,需要添加"Score Model"组件。将"Score Model"组件拖拽至"Train Model"组件下方,然后将"Score Model"组件左上方的输入端口联接至学习模型"Train Model"组件，将右上方输入端口联接至可输出评价数据的"Split Data"组件的右下方输出端口（如图 7–14 所示）。

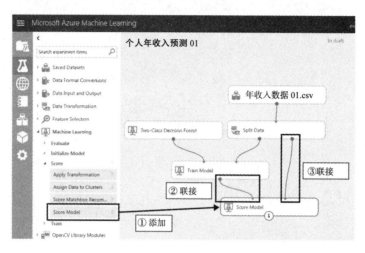

图 7–14　添加"Score Model"组件并联接

（2）添加"Evaluate Model"组件。为评价学习精度，需要添加"Evaluate Model"组件。将"Evaluate Model"组件添加至"Score Model"组件的下方后联接（如图 7–15 所示）。

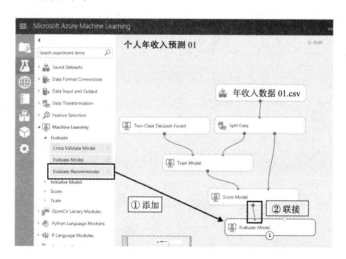

图 7–15　添加"Evaluate Model"组件并联接

确认和反思学习结果

那么,接下来我们就确认所建机器学习模型的结果,看一看能够实现什么程度的预测。首先,点击界面下方的"RUN"运行。稍候片刻完成分析(实际运行需要花费一些时间)。结束后,在界面的右上方显示运行结束信息。

确认使用评价用数据得出的结果

运行结束后,首先,确认"Score Model"的输出情况。点击"Score Model"的输出端口,选择"Visualize"进行可视化。在本学习模型中,由于是在"Score Model"中加入了用于评价的数据,所以得到的结果是在已训练机器学习模型中用评价数据所预测出的结果。

可视化结果如图 7-16 所示。左侧的"收入"是实际结果,"Scored Labels"是用机器学习模型预测出来的结果。统计分类和回归分析不同,会存在"Scored Probabilities(评分概率)"这一列。该列是为决定"Scored Labels"而推导出的值,代表预测结果的精确度(准确度),值越接近 1,就代表">50k"的可能性就越高,越接近 0,就代表"<=50k"的可能性就越高。越接近中间值的 0.5,就说明很难确定属于哪种分类,预测失误的可能性就越高。

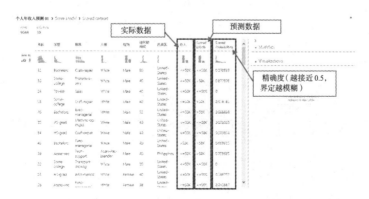

图 7-16　可视化"Score Model"的输出结果,观察使用评价数据得到的预测结果

> **备忘录**
>
> 此模拟是使用"Score Model"对评价数据进行评价,但是通过运用第5章中介绍的方法,如果将已完成训练的"Train Model"保存为已训练模型"Trained Model",那么就可以在其他的 Experiment 中使用其学习结果,预测任意数据。

评价统计分类的学习结果

接下来,为了对机器学习模型的评价结果进行确认,请查看"Evaluate Model"组件的输出情况。点击"Evaluate Model"的输出端口,选择"Visualize"进行可视化,可视化结果如图 7-17 所示。

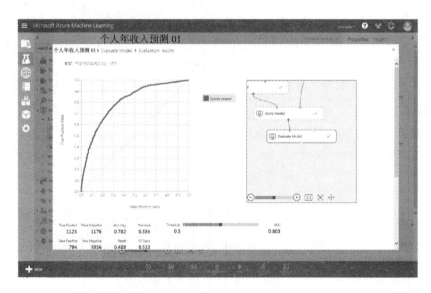

图 7-17 可视化"Evaluate Model"的输出结果,确认精度数据

最初是以"ROC 曲线"的形式显示,但是点击窗口左上方的按钮,可以切换

成如表 7-1 所示的几种形式。除了"ROC 曲线",还可以选择"Precision-Recall 曲线""LIFT 曲线"。

表 7-1 图表种类及所代表含义

图表	含义
ROC 曲线	纵轴:True Positive/(True Positive + False Negative) 横轴:False Negative/(False Negative +True Positive) 阈值范围为 0 ~ 1,由上述公式构成。曲线下面积即为 AUC 值
Precision-Recall 曲线	纵轴:Precision 横轴:Recall 阈值范围为 0 ~ 1,该曲线位置越靠上表明越好
LIFT 曲线	纵轴:True Positive 横轴:(True Positive + False Positive)/ (True Positive +False Negative +False Positive +True Negative) 阈值范围为 0 ~ 1,由上述公式构成

精度综合评价结果显示在窗口的中央位置(如图 7-18 所示)。

图 7-18 精度综合评价结果

各数值含义如下所示。

(1)显示预测结果正误的数值。"True Positive""False Negative""False Positive""True Negative"这四项数值显示预测结果的正误。在"Two-Class

Decision Forest"中，结果分为两类，基本数据用"Positive"和"Negative"来表示，各自对应内容分别显示在"Positive Label"和"Negative Label"中。本模拟中使用的 CSV 数据所对应的情况如下：

- ">50K"是 Positive；
- "<=50K"是 Negative。

按照基本数据与预测数据是否吻合这一标准，预测结果会显示"True"或者"False"。

- "基本数据与预测数据吻合"为 True；
- "基本数据与预测数据不吻合"为 False。

"True Positive" "False Negative" "False Positive" "True Negative"这四项数值可以反映出"基本数据"和"预测数据"是否吻合，相应的对应关系如表 7–2 所示。当为"True Positive" "False Negative"时，证明预测正确；当为"False Negative" "False Positive"时，证明预测错误。

表 7–2 "True/False"和"Positive/Negative"的对应表

	基本数据（>50k）	基本数据（<=50k）
预测（>50k）	True Positive（预测正确）	False Negative（预测错误）
预测（<=50k）	False Positive（预测错误）	True Negative（预测正确）

将上述值转化成的图形即为 ROC 曲线。ROC 曲线的横竖轴分别按照以下公式计算得出。

纵轴：True Positive/（True Positive + False Negative）；

横轴：False Negative/（False Negative +True Positive）。

换言之，纵轴是 Positive，代表预测正确的概率，横轴是 Negative，代表预测错误的概率。

该曲线越靠近左上方，曲线下面积越大（=AUC），预测准确率就越高。

（2）各项参数。除此之外的各项参数所代表含义如表 7-3 所示。

表 7-3　各种显示评价结果的参数

参数名	中文	含义
Accuracy	预测正确率	Accuracy=（True Positive + True Negative）/（True Positive + True Negative + False Positive + False Negative），接近真值的程度。越接近 1 越好
Precision	预测精度	Precision=（True Positive）/（True Positive +False Positive），分散程度。越接近 1 越好
Recall	召回率	Recall=（True Positive）/（True Positive + False Negative），正解总数中可以找到的 True Positive 的情况。越接近 1 越好
F1 Score	F 值	F 值 =2（Recall x Precision）/（Recall + Precision），是表现精度和召回率的综合数值。越接近 1 越好
Threshold	阈值	带标签的判断基准值。按照"Scored Probabilities"的值是低于阈值还是高于阈值添加相应的标签。小于该值时为 Negative（本模拟中为"<=50"），大于该值时为 Positive（本模拟中为">50"）
AUC	曲线下面积	ROC 曲线图的面积，分类器性能的优越性。0.5 为随机，1 为完全分类

"Accuracy"为预测正确率，该值可以反映出同真值的接近程度。

"Precision"为预测精度，该值可以反映出分散程度的大小。

"Recall"为召回率，该值可以反映出能从正解总数中找到的正解情况。

"F1 Score"为反映正确率和精度的综合性数值。

"Threshold"为阈值。

"AUC"显示分类器性能的优越性。0.5 为随机，1 为完全分类。

其中，经常使用的指标为 AUC 或者 F 值，AUC 的值越接近 1 代表分类越清晰。本模拟中 AUC 的值为 0.803，可知精度还可以。F 值越接近 1 代表预测精度和召回率越高。本模拟中，F 值为 0.533，可知预测精度和召回率不是很高。

使用其他统计分类学习组件

在本模拟中使用了"Two-Class Decision Forest"组件，但是我们其实也可以使用其他统计分类学习组件。在 Azure ML 的"Machine Model"→"Initialize Model"→"Classification"中，有用于统计分类的学习组件。统计分类学习组件主要有两大类：一种是将整体分为两类的"二元分类器"；另一种是将整体分为三类以上的"多元分类器"（如图 7–19 所示）。

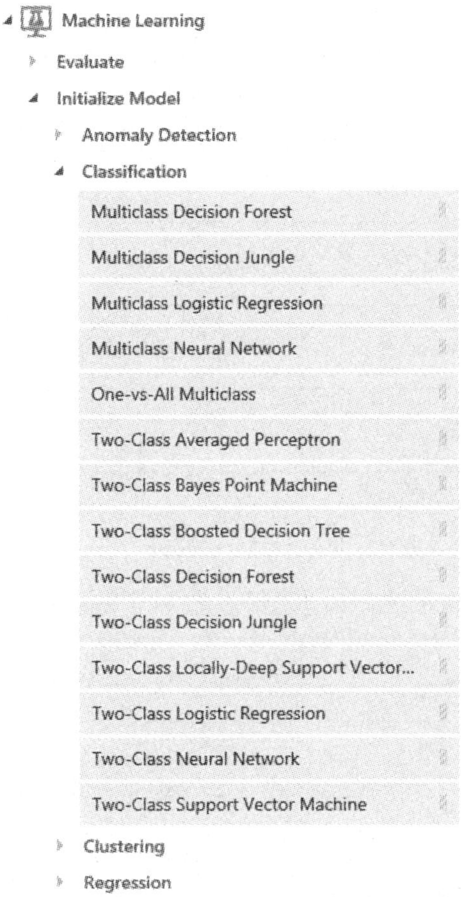

第 7 章 通过统计分类进行判断

```
▲ Machine Learning
    ▷ Evaluate
    ▲ Initialize Model
        ▷ Anomaly Detection
        ▲ Classification
            Multiclass Decision Forest
            Multiclass Decision Jungle
            Multiclass Logistic Regression
            Multiclass Neural Network
            One-vs-All Multiclass
            Two-Class Averaged Perceptron
            Two-Class Bayes Point Machine
            Two-Class Boosted Decision Tree
            Two-Class Decision Forest
            Two-Class Decision Jungle
            Two-Class Locally-Deep Support Vector...
            Two-Class Logistic Regression
            Two-Class Neural Network
            Two-Class Support Vector Machine
        ▷ Clustering
        ▷ Regression
```

图 7-19　在 Azure ML 中可使用的统计分类学习组件

我们在表 7-4 和表 7-5 中，针对两大类学习组件的特征进行了总结。

表 7-4　Azure ML 中二元分类器学习组件的总结

组件名	中文名	特征
Two-class SVM	二元支持向量机	大于 100 个特征，线性模型
Two-class averaged perceptron	二元平均感知器	快速训练，线性模型

147

（续表）

组件名	中文名	特征
Two-class logistic regression	二元逻辑回归	快速训练，线性模型
Two-class Bayes point machine	二元贝叶斯机器分类器	快速训练，线性模型
Two-class decision forest	二元决策森林	精确，快速训练
Two-class boosted decision tree	二元提升决策树	精确，快速训练，占用内存多
Two-class decision jungle	二元决策丛林	精确，占用内存少
Two-class locally deep SVM	二元局部深度支持向量机	大于 100 个特征
Two-class neural network	二元神经网络	精确，训练时间长

表 7-5　Azure ML 中多元分类器学习组件的总结

组件名	中文名	特征
Multiclass logistic regression	多元逻辑回归	快速训练，线性模型
Multiclass neural network	多元神经网络	精确，训练时间长
Multiclass decision forest	多元决策森林	精确，快速训练
Multiclass decision jungle	多元决策丛林	精确，占用内存少
One-vs-all multiclass	一对多多元分类	依赖于二元分类器

总结

本章针对统计分类模型的建模方法进行了说明。

(1) 统计分类模型是分类划分模型。本模拟中，使用"Two-Class Decision Forest"分类器，将数据分为两类。分析模型的构成类似于第4章中所建回归分析模型，只是替换了某些学习组件。

(2) 使用 AUC 和 F 值进行评价。评价时使用 AUC 和 F 值。AUC 的值越接近1，表明精度越高；F 值越接近1，表明精度和召回率越高。另外，ROC 曲线可以直观展现分析模型的优越性。

第 8 章
用聚类方法判别相似数据

在本章,将介绍可以从大量数据中对具有相似性的数据进行分类的聚类方法。通过将复杂繁多的数据进行聚类分析,可以一眼看出这些数据的特征。

什么是聚类

cluster 具有"块""群""集团"等含义,那么 Clustering 就是将这些复杂繁多的数据群体化,即将具有相似特征的数据集团化的方法。比如,许多不同种类的豆子混在一起,假设每个豆子都是含有"颜色""重量""直径"的数据。将这些豆子的数据聚类分析后,具有相似"颜色""重量""直径"的豆子就会被分为一组。由于同一种类的豆子具有相似性,所以以上分类就相当于按照豆子种类分类。简言之,聚类就是按照特征进行分类的装置。聚类是无需老师的学习方式。人类就算是没有学习过"这是某种类型的豆子",也会将具有相似特征的豆子放到一起,这就是聚类的一大特征。

聚类所分析的数据不仅仅是像豆子种类那样,靠人眼就可一目了然的数据。比如,在商业中,可将顾客的"购买时间段""购买商品""星期"等信息作为基本数据,进行聚类分析。这样一来,就可以划分具有相似购物倾向的顾客层,如果知道了"具有什么样倾向的顾客,购买了什么样的产品",就可以推测出"具有相似嗜好、相似行动的顾客的行为倾向"。

本模拟所实现目标

在本模拟中使用的材料是在聚类学习中经常使用的"鸢尾"品种分类。鸢尾有很多种类,并且根据花的花萼长度、花萼宽度、花瓣长度、花瓣宽度就可以大致辨别品种。本模拟中将表 8-1 中的 CSV 数据作为输入数据。

表 8-1　CSV 形式数据示例

花萼长度	花萼宽度	花瓣长度	花瓣宽度	品种
5.1	3.5	1.4	0.2	Iris-setosa
4.9	3	1.4	0.2	Iris-setosa
......				
7	3.2	4.7	1.4	Iris-versicolor
6.4	3.2	4.5	1.5	Iris-versicolor
......				
6.3	3.3	6	2.5	Iris-virginica
5.8	2.7	5.1	1.9	Iris-virginica
......				

表 8-1 收集了 "Iris-setosa" "Iris-versicolor" 以及 "Iris-virginica" 这三个品种的鸢尾花数据。将数据中的花萼长度、花萼宽度、花瓣长度、花瓣宽度四项进行聚类分析处理，分为"两组"。

这里做一个简单介绍，就是从植物学角度来看，"Iris-versicolor" 和 "Iris-virginica" 这两个品种的鸢尾花非常相似，而 "Iris-setosa" 和前两者特征不同。因此，进行聚类分析处理后，就会分为以下两组（如图 8-1 所示），分别为：

- Iris-setosa 组；
- Iris-versicolor 和 Iris-virginica 组。

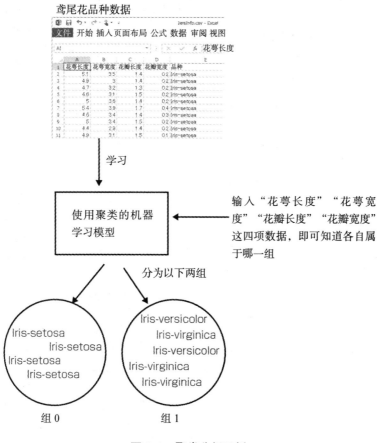

图 8-1 聚类分析示例

本模拟所建模型

在本模拟中所建机器模型如图 8-2 所示。在聚类分析中，使用"K-Means Clustering"这一学习组件。除此之外，还使用"Train Clustering Model"这一学习模型。分组结果会从"Train Clustering Model"右下方的输出端口出来。在此联接"Project Columns"组件，就可以知道哪一行被分到哪一组。

为了使学习结果适用于其他数据,需要使用"Accept Data to Clusters"组件。

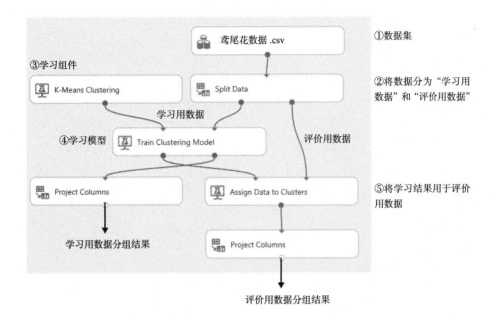

图 8–2　本模拟中所建机器学习模型

在此,可使用"Split Data"组件,将 70% 的数据用于学习,将剩余的 30% 的数据输入"Accept Data to Clusters"组件,并使用已训练结果进行分组。

> **备忘录**
>
> 本模拟中使用的 CSV 形式数据中没有受损数据,是完整数据,所以无须使用"Project Columns"组件以及"Clean Missing Data"来做学习前的数据整形处理。如果有必要,可同第 4 章一样,在"Split Data"组件之前加入相应的组件来整理数据。

创建可通过聚类分析分组的机器学习模型

接下来，我们学习创建可通过聚类分析分组的机器学习模型。

新建数据集

首先，上传用于分析的数据集。在本模拟中所使用的分析数据是 CSV 形式文件，可登录 http://web-cache.stream.ne.jp/www11/nikkeibpw/itpro/AzureML-GuideBook/sample.zip 进行下载。请事先下载准备好。

在本模拟中使用的文件是"IrisInfo.csv"（如图 8–3 所示），该 CSV 形式文件中含有"花萼长度""花萼宽度""花瓣长度""花瓣宽度"及"品种"这五项。其中，使用"花萼长度""花萼宽度""花瓣长度""花瓣宽度"这四项进行分组。

图 8–3　IrisInfo.csv 的内容

最右侧的"品种"是用于对分组结果进行确认的数据列，不用做评定材料。在本 CSV 数据中，品种分为"Iris-setosa""Iris-versicolor"以及"Iris-virginica"三种。在接下来所建机器学习模型中，会将三个品种混在一起的数据，通过聚类分析分为两组。

为使该 CSV 形式文件能够在 Azure ML 中使用，打开 Azure ML 中的"Database"，将该 CSV 文件上传为数据集（参考第 4 章"上传用于分析的数据集"一节的内容）。上传时，可以在"ENTER A NAME FOR THE NEW DATESET"处为数据集命名，在此我们将该数据集命名为"鸢尾花数据.csv"（如图 8-4 所示）。

图 8-4　命名为"鸢尾花数据"并上传

新建 Experiment

完成数据集的上传后，打开"Experiment"，单击"+NEW"，新建 Experiment（参考第 4 章"新建 Experiment"一节的内容）。将 Experiment 命名为"鸢尾花分类"（如图 8-5 所示）。

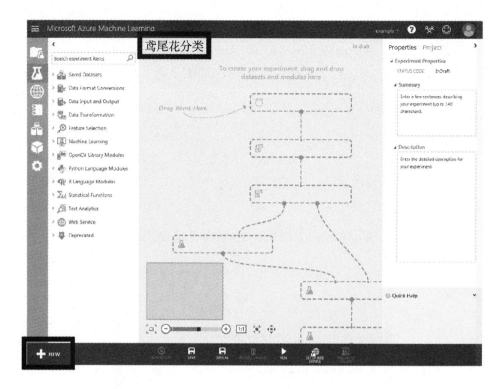

图 8-5　新建 Experiment，并命名为"鸢尾花分类"

添加数据集

新建 Experiment 后，开始创建机器学习模型。首先，添加数据集，完成"Split Data"组件前的步骤，形成数据流。本操作中使用的组件及联接方式和在第 7 章中说明的内容完全相同，只是数据集不同。

创建及分离数据集的步骤如下。

（1）添加数据集。依次点击左侧菜单中的"Saved Datasets"→"My Dataset"→"Datasets"，将事先上传的"鸢尾花数据 .csv"拖拽至 canvas 操作板中进行添加（如图 8-6 所示）。

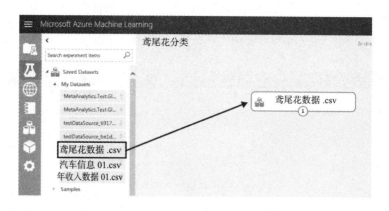

图 8-6　添加数据集

（2）确认数据集组件内容。点击在步骤（1）中所添加数据集的输出端口，选择"Visualize"进行可视化，即可查看数据集内容，确认数据有无受损。然而，由于本模拟中所提供的 CSV 数据中不含受损数据（Missing Values 为 0），所以可跳过本步骤（如图 8-7 所示）。

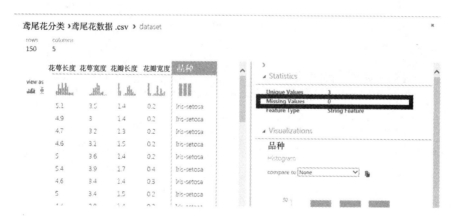

图 8-7　确认是否存在受损数据

（3）添加"Split Date"组件。与之前的模拟一样，本次模拟也是将一部分数据用于学习，剩余数据用于评价，因此需要使用"Split Data"组件进行数据分离。依次点击左侧菜单中的"Data Transformation"→"Sample and Split"，并将"Split

Data"组件拖拽至 canvas 操作板中数据集组件的下方。随后，点击数据集组件的输出端口，并拖拽至"Split Data"组件的输入端口，用线进行联接（如图 8-8 所示）。

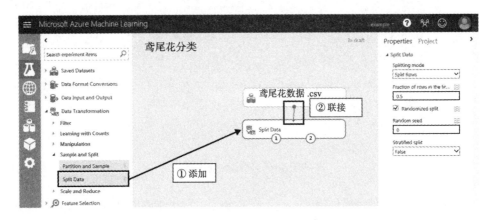

图 8-8　添加"Split Data"组件并联接

（4）设置分离率。单击"Split Data"组件，依次点击右侧菜单中的"Properties"→"Split Data"，并在"Fraction of rows in the first output dataset"中输入数值"0.7"。由此，0.7（70%）的数据从左侧端口输出，剩下的数据从右侧端口输出（如图 8-9 所示）。

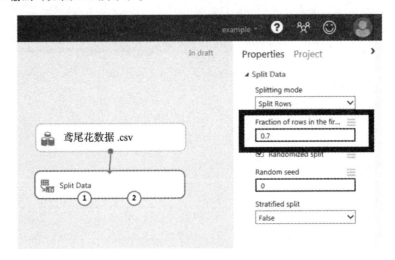

图 8-9　将左侧输出比率更改为 0.7

构建学习逻辑

接下来,我们就通过学习组件和学习模型来构建学习逻辑。在第 4 章的回归分析及第 6 章的统计分类中使用了"Train Model"这一学习模型,但是在本章将使用"Train Clustering Model"这一聚类模型和"K-Means Clustering"这一学习组件。

联接"Train Clustering Model"和"K-Means Clustering"组件的步骤如下。

(1)添加"Train Clustering Model"。依次点击左侧菜单中的"Machine Learning"→"Train",点击并将"Train Clustering Model"拖拽至 canvas 操作板中"Split Data"组件的下方。点击"Split Data"组件左下方的输出端口,并拖拽至"Train Clustering Model"组件右上方的输入端口,用线联接两组件。通过此操作,可以让用于学习的数据联接至"Train Clustering Model"中(如图 8-10 所示)。

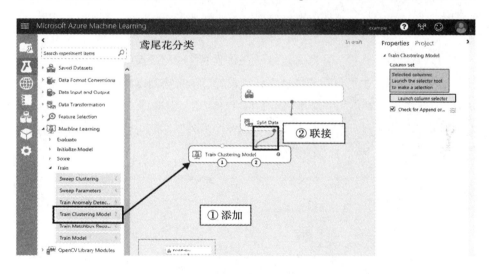

图 8-10 添加"Train Clustering Model"组件并联接

(2)选择聚类分析的对象列。更改"Train Clustering Model"组件的设置,指定聚类分析的对象列。选择"Train Clustering Model"组件,依次点击右侧的"Properties"→"Train Clustering Model"→"Column Set"后,选择"Launch column selector"（如图 8-11 所示）。此时选择列窗口（Select a single column）被打开，选择要预测的列。

图 8-11　打开选择列窗口

在本模拟中，"花萼长度""花萼宽度""花瓣长度""花瓣宽度"及"品种"这五项中除了"品种"以外均为聚类分析的对象列。

可以通过逐一选择"花萼长度""花萼宽度""花瓣长度""花瓣宽度"的方法确定对象列，也可以在选择列窗口，设置"除被选列以外的全部列"。操作方法为在"Begin With"中选择"ALL COLUMNS"，选择"Exclude"指定想要排除的内容。也就是，在"Exclude"中选择"品种"，就可以选中"除被选列以外的全部列"（如图 8-12 所示）。

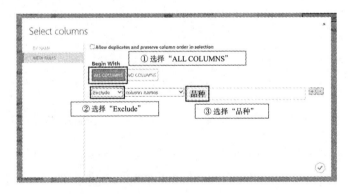

图 8-12　指定除"品种"之外的内容

完成设置后，点击窗口右下方的"√"，就会显示相应的设置结果。显示后点击右上方的"×"进行关闭。

（3）添加 K-Means Clustering。添加聚类学习组件→K-Means Clustering 组件。依次选择"Machine Learning"→"Initialize Model"→"Classification"，并将"K-Means Clustering"拖拽至 canvas 操作板中的"Train Clustering Model"组件左上方，并与其左上方的输入端口进行联接（如图 8-13 所示）。可在"Number of Centroids"选项中设置分组数量。默认值为"2"，即分为两组。本模拟直接使用默认值 2，但是如果修改该数值，分组数就会有所变化。然而，分组数过多时，项目参数就会很敏感，无法适当分类。

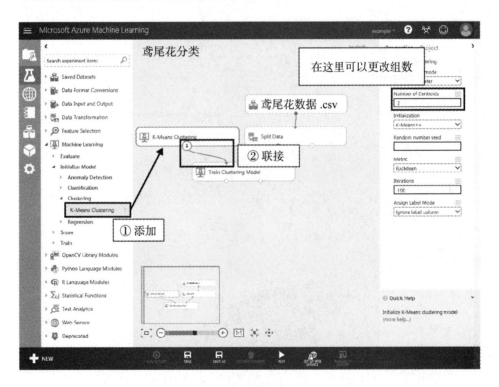

图 8-13　添加"K-Means Clustering"组件并同"Train Clustering Model"组件联接

确认分组结果

到目前为止，学习阶段就完成了。之后，需要确认结果。在"Train Clustering Model"中有两个输出端口，左侧输出的是"已训练模型"，右侧输出的是"学习结果、分组数据"。在这一阶段运行，可视化右侧输出端口，就可以直观的确认分组的分布情况（如图 8-14 和图 8-15 所示）。

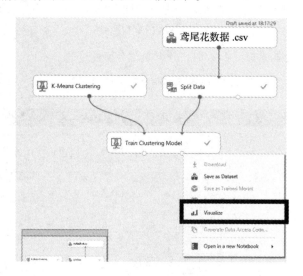

图 8-14　可视化"Train Clustering Model"的右侧输出端口

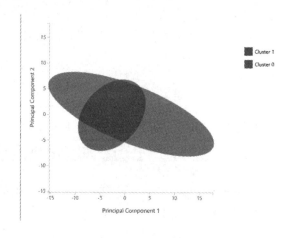

图 8-15　分布情况

第 8 章　用聚类方法判别相似数据

由于聚类学习是不需要老师的学习模型，所以不存在错误一说。因此，不能通过"Evaluate Model"等组件的评分来判断模型的好坏。其实，我们可以通过人眼来确认分组结果。为了较为直观的看到数据，可以在右侧的输出端口上联接"Project Columns"组件，这样一来，就可以看到各数据行。

> **备忘录**
>
> "Project Columns"组件的作用是控制只显示指定的列（在第 4 章"添加和调整作为分析对象的数据集"一节中，使用该组件将范围限定至输入列）。

确定分组结果的步骤如下。

（1）添加并联接"Project Columns"组件。将"Project Columns"组件添加至"Train Clustering Model"组件下方。然后将"Train Clustering Model"组件的右侧输出端口与"Project Columns"组件的输入端口联接起来（如图 8-16 所示）。

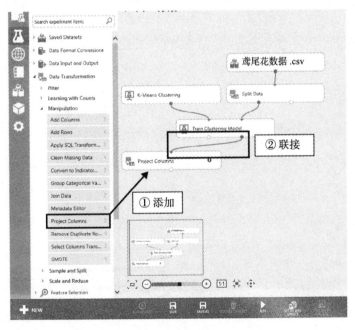

图 8-16　添加并联接"Project Columns"组件

（2）选择全部列。选择已添加的"Project Columns"组件，点击右侧的"Launch column selector"，打开选择列窗口。在此选择所有列。可以通过选择"Begin With"中的"ALL COLUMNS"，点击"－"删除下方的例外。设置结束后，点击窗口右下方的"√"，就会显示相应的设置结果。显示后点击右上方的"×"进行关闭（如图 8-17 所示）。

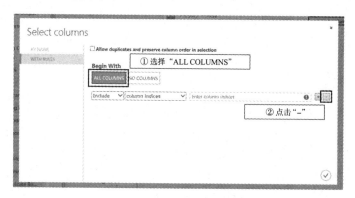

图 8-17　选择全部列

完成以上操作后运行。可视化"Project Columns"的输出结果（如图 8-18 所示）。

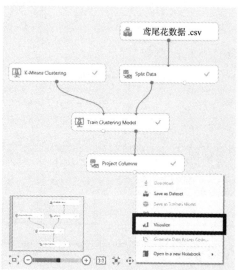

图 8-18　可视化"Project Columns"

如图 8–19 所示，可以看到每行的分组情况。

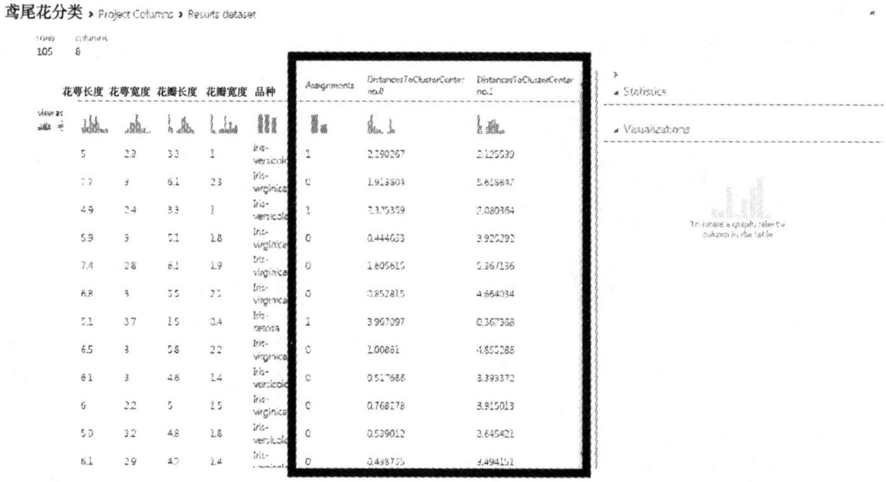

花萼长度	花萼宽度	花瓣长度	花瓣宽度	品种	Assignments	DistancesToClusterCenter no.0	DistancesToClusterCenter no.1
5	2.3	3.3	1	Iris-versicolo	1	2.290267	2.125539
7.7	3	6.1	2.3	Iris-virginica	0	1.913804	5.618847
4.9	2.4	3.3	1	Iris-versicolo	1	2.375359	2.080364
5.9	3	5.1	1.8	Iris-virginica	0	0.444653	3.925292
7.4	2.8	6.1	1.9	Iris-virginica	0	1.605615	5.367136
6.8	3	5.5	2.1	Iris-virginica	0	0.852815	4.664034
5.1	3.7	1.5	0.4	Iris-setosa	1	3.967097	0.367388
6.5	3	5.8	2.2	Iris-virginica	0	1.00861	4.855286
6.1	3	4.6	1.4	Iris-versicolo	0	0.517688	3.393372
6	2.2	5	1.5	Iris-virginica	0	0.768278	3.915013
5.9	3.2	4.8	1.8	Iris-versicolo	0	0.539012	3.645421
6.1	2.9	4.7	1.4	Iris-versicolo	0	0.438735	3.494151

图 8–19　学习数据的分组情况

“Assignments”是输出结果，显示了分组情况及分组组号。在本模拟中，由于是通过聚类分析分为两组，所以结果是“0”或者“1”。观察结果可知：

- Iris-setosa 为组 0；
- Iris-versicolor 以及 Iris-virginica 为组 1。

各自均有一定的分组倾向（通过计算判定哪一个为组 0，哪一个为组 1。有时会出现组 0 和组 1 颠倒的情况）。

“Distances To Cluster Center”代表同各组中间值的距离。换言之，这个距离越小，相似度就越高，距离越大，相似度就越低。

将用于评价的数据加入到已训练的学习模型中

接下来，就将“Split Data”组件中剩余的数据加入到已训练模型中，并观察结果。在回归分析和统计分类中，计算任意数据时，需要使用"Score Model"组件，但是聚类分析使用"Assign Data to Clusters"组件。在"Assign Data to Clusters"组件的左上方联接已训练学习模型，右上方接入相应数据，在输出端口即可输出处理结果（如图 8–20 所示）。

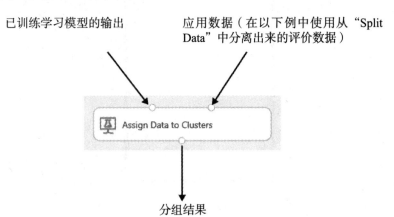

图 8–20　使用"Assign Data to Clusters"组件对任意数据进行聚类分析

> **备忘录**
>
> 　　在本章，我们使用"Assign Data to Clusters"组件来处理评价用数据。但是，正如在第 5 章中所述，将已完成学习的模型保存为"已训练学习模型"并加以利用时，同样也可以使用"Assign Data to Clusters"组件。

我们接下来观察一下，使用"Assign Data to Clusters"组件时，评价用数据会被如何分组。

用"Assign Data to Clusters"组件处理评价用数据的步骤如下。

（1）添加并联接"Assign Data to Clusters"组件。点击"Machine Learning"→"Score"，并将"Assign Data to Clusters"组件拖拽至"Train Clustering Model"组件和"Split Data"组件的下方。然后将左右的输入端口按照下述方式联接起来（如图 8–21 所示）。

第 8 章 用聚类方法判别相似数据

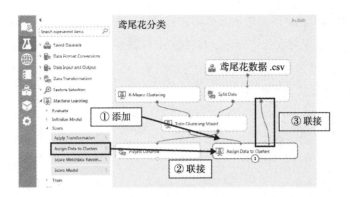

图 8-21　添加并联接"Assign Data to Clusters"组件

① 左侧输入端口。联接至"Train Clustering Model"组件的左侧输出端口，从而同已训练模型联接。

② 右侧输入端口。联接至可分离出评价用数据的"Split Data"组件的右侧输出端口，从而同应用数据联接。

（2）设置"Project Columns"。与刚才一样，为了确认分组结果，将"Project Columns"组件拖拽至"Assign Data to Clusters"组件下方，设置并用线联接。另外，打来选择列窗口，选择"全部列"（如图 8-22 所示）。

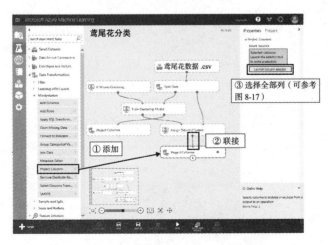

图 8-22　联接"Project Columns"组件

169

（3）确认数据。通过以上步骤即完成联接。点击界面下方的"RUN"运行。运行结束后，呈现可视化"Project Columns"的输出端口（如图 8–23 所示）。由此，就可以同刚才一样，显示作用后的分组结果。其所代表意义也是完全一样的（如图 8–24 所示）。

图 8–23　呈现可视化输出端口

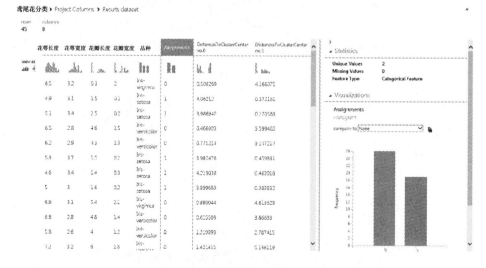

图 8–24　评价用数据的分组结果

总结

本章说明了使用聚类分析对相似数据进行分类的方法。

（1）聚类是将具有相似倾向的数据分为一组的方法。聚类拥有将具有相似倾向的数据分为一组的功能，无需教师即可学习。只需确定"分组数"（默认值为2）及"用于分组的列"即可。实际上，无须指定分组依据。因此，当存在大量数据而不知道该从何处下手时，可以先把相似的数据分成一组。聚类也有助于可以从大方向观察数据。

（2）使用"Assign Data to Clusters"组件处理预测数据。在回归分析和统计分析中，我们使用了 Score 组件处理预测数据，但是在聚类分析中，需要使用"Assign Data to Clusters"组件。

第 9 章

活用实验结果

迄今为止，我们针对 Azure ML 的使用方法进行了较为详细的介绍，相信大家已经可以使用 Azure ML 创建分类器模型（分析模型）了。那么，我们接下来就在本章中使用从 Azure ML 输出的预测数据以及分析模型，公开外部 API，并将数据可视化。

Web API 化

我们将已训练的分类器模型进行 Web API 化。在 API 中输入数据，即可使用已建分类器获得预测值等。使用推荐建模，可以轻松以 Web API 的形式创建推荐引擎。接下来将针对 API 的发布步骤进行说明。

（1）组建只需要分类器的模型。由于无需在"Score Model"中输出预测值，因此不需要用"Split Data"切分数据，而是使用全部数据构成分类器（如图 9–1 所示）。

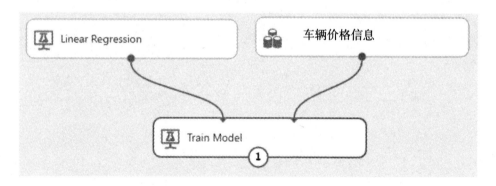

图 9–1　组建只需要分类器的模型

（2）建模后，点击"RUN"运行，确认是否存在错误。如果没有问题，运行后选择"SET UP WEB SERIVICE"中的 Predictive Web Service [Recommended]（如图 9–2 所示）。

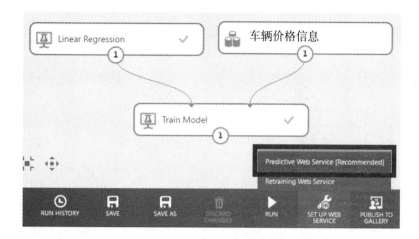

图 9–2　运行后选择"Predictive Web Service [Recommended]"

（3）模型变形后，添加"Web Service input"和"Web service output"。为了不产生输出和输入的浪费，使用"Project Columns"进行使用列的限制（如图 9–3 所示）。

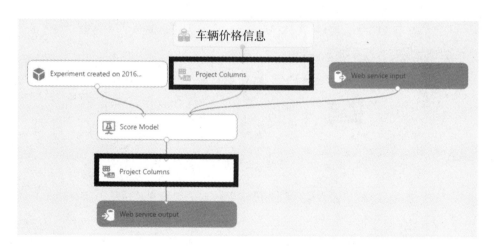

图 9–3　使用"Project Columns"进行使用列的限制

（4）点击"RUN"运行确认无错误后，通过"DEPLOY WEB SERVICE"发布 API（如图 9–4 所示）。

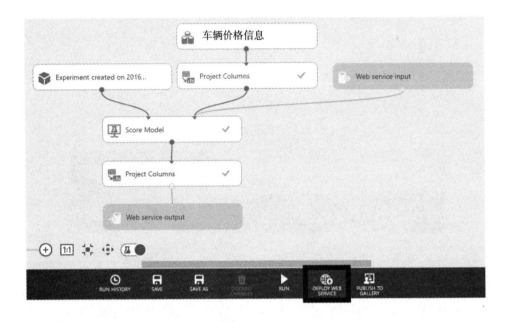

图 9–4　通过"DEPLOY WEB SERVICE"发布 API

（5）发布 API 后，转移到可以确认 API Key 等信息的页面。点击"Test"，即可测试已发布 API（如图 9–5 所示）。

图 9–5　点击"Test"测试已发布 API

（6）出现信息框，输入用于预测的必要数据（如图 9–6 所示）。

第 9 章 活用实验结果

图 9-6　输入用于预测的必要数据

（7）输入数据，点击确认键后，显示以下预测结果。本次的预测结果为 6785.79520677472。实际上通过 API 操作时，在 "Web Service Output" 之前的 "Project Columns" 中会有限制后的残留数据被输出（如图 9-7 所示）。

图 9-7　显示预测结果

数据可视化

确认输入数据或者详细分析输出预测结果时，将数据可视化是十分重要的。可视化数据时，可以使用 Excel 及 Power BI 这些软件。在 Excel 中，为了确认数据间关系，需要进行分类及图表化。比如，将汽车价格和汽车车宽的数据可视化。

通过可视化，即可知道价格和车宽之间存在如图 9-8 所示的关系。虽然可以使用 Azure ML 求两者之间的相关系数，但是如果只看数值，那些在某一个阶段之前是完全匹配但超过一定数值后就完全失去相关性的情况，就无法得知其中的关联性。

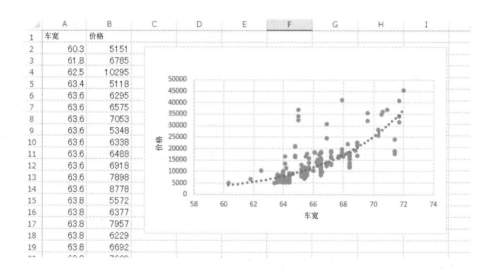

图 9-8　汽车价格和汽车车宽的数据可视化

第 10 章

让机器越来越聪明

　　机器学习有一个特征就是"通过学习数据越来越聪明",为了展现出机器学习的这一部分特征,应该怎样做呢?其中有两种方法 ——"二次学习"和"更新模型"。二次学习,就是不改变已有模型,而只是更新、改变学习数据或者添加新的数据,从而改善精度。在二次学习的过程中,不会改变模型本身的构成,而更新模型是重建、替换分析模型的一种方式。一般我们会使用二次学习的方式来维持或提高机器学习精度,但是如果想要从根本上更新分析方式,就需要更新模型。

进行模型的二次学习

迄今为止，都是将用于学习的数据上传至 Azure ML Studio 中。该方法在想要更新数据时，需要再次上传和运行，因此当每小时或者每天都需要定期更新学习结果时，这一方法就非常耗费时间。

为了节省时间，可以使用 Azure 存储器内部的数据，经由 API 使机器进行二次学习，而不是每次都手动将数据上传至 Azure ML Studio，接下来就针对这一方法进行说明。添加、更新 Azure 存储器内部数据，使用"Azure Data Factory"的管道，从 Azure 的 Web 作业等定期要求用于二次学习的 API，可以持续使用精度较高的预测结果。通过对二次学习方法的掌握，就可以构建数据更多、精度更高的机器学习模型。

（1）添加"Data Input and Output"的 Reader 组件。这是在二次学习时，为了避免重复学习相同的数据，从外部添加输入数据的组件（如图 10-1 所示）。

图 10-1　添加"Data Input and Output"的 Reader 组件

（2）设置 Reader 组件（如图 10–2 所示）。本次将"Azure Blob Storage"设置为"Data source"，但是，除此之外，想从"Azure Table""Azure SQL Database""Azure"外部添加数据时，可以通过 Web URL 等抽取出数据。决定输入模式后，在下方输入必要信息。"Data source"为"Azure Blob Storage"时，可以从存储数据的"存储管理"确认"Account name"以及"Account key"的信息。"Path to container, directory or blob"需要按照"（存储数据的容器名）/（数据名）"的形式填写。

图 10–2　设置 Reader 组件

（3）设置用于评价的 Reader 组件配置（如图 10–3 所示）。由于已经完成了添加学习用数据的输入源，接下来同样需要添加评价用数据的输入源。虽然可以使用"Split Data"组件进行数据分割，但是"Split Data"组件是随机分割的形式，如果在这种情况下数据更新，之前用于学习的数据会变成评价用数据，评价用数据会变成学习用数据。这样就失去了二次学习的性质，就很难断定机器是否真的变聪明了。

图 10–3　设置用于评价的 Reader 组件配置

（4）创建分析模型（如图 10–4 所示）。由于已完成输入数据，接下来需要添加必要的分析数据。本次通过 Reader 组件导出汽车价格数据，因此需要创建分析模型。根据输入数据的情况，有时需要修正受损数据，或者删除不需要的内容，但是本次不需要进行该操作。

另外，迄今为止，我们通过将"Evaluate Model"组件添加到"Score Model"组件下方的方式来评价模型的预测精度。由于本次并不是评价模型，而是确认预测内容，所以本次无需添加"Evaluate Model"。当然，如果想要评价模型，也可以添加。

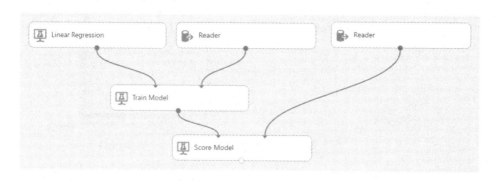

图 10–4　创建分析模型

（5）添加"Data Input and Output"中的 Writer 组件（如图 10–5 所示）。本组件在运行时，可将输入数据输出到指定的外部存储器中。

第 10 章　让机器越来越聪明

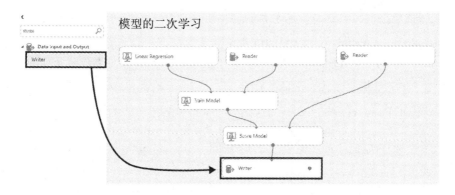

图 10-5　添加"Data Input and Output"中的 Writer 组件

（6）设置 Writer 组件（如图 10-6 所示）。同 Reader 组件一样，需要设置数据写入地址。其中可选项有"Azure Blob Storage""Azure Table""Azure SQL Database""Hive Query"，但是本次也与 Reader 一样选择"Azure Blob Storage"。设置内容也同 Reader 组件一样，由"Azure blob storage write mode"来决定写入时是否写到同名文件上。

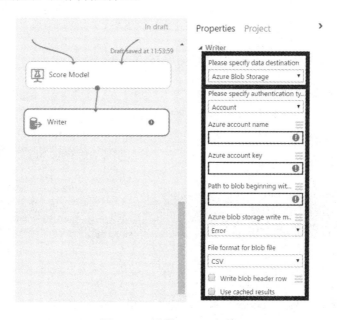

图 10-6　设置 Writer 组件

Error 状态时，如果有同名文件，就会返回错误，Overwrite 状态时，就会写入同名文件。定期运行时，Overwrite 状态下，想要保存过去的预测结果，需要通过 C# 及 PowerShell 等访问"Azure Blob Storage"，并且更改名称（这一部分较为专业，在"Azure Data Factory"中使用"Azure BATCH"运行活动进行二次学习时，使用 Partition 分割可以在每次运行时都特定某一文件名）。

（7）运行所建模型（如图 10-7 所示）。由此，就创建了可以从外部输入数据，然后向外部输出数据的模型。为了发布二次学习用的 API，运行后确认是否存在错误。

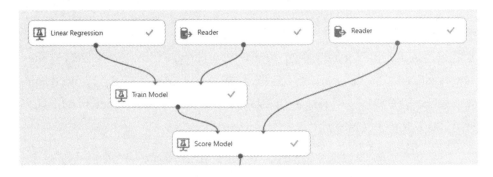

图 10-7　运行所建模型

（8）为了发布二次学习用的 API，选择"SET UP WEB SERVICE"中的"Retraining Web Service"（如图 10-8 所示）。

图 10-8　选择"SET UP WEB SERVICE"中的"Retraining Web Service"

（9）添加"Web Service"相关的组件（如图 10-9 所示）。

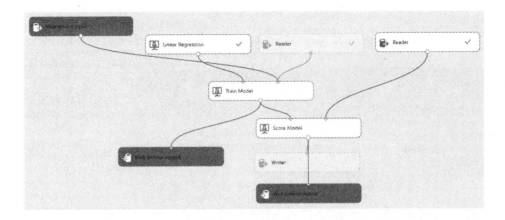

图 10-9　添加"Web Service"相关的组件

（10）运行二次学习 API 时，添加数据即可输入到"Web Service Input"中，并在"Web Service Output"输出，但是由于本次并不需要，所以删除全部与"Web Service"相关的组件（如图 10-10 所示）。

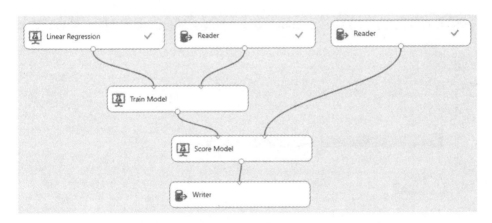

图 10-10　删除全部与"Web Service"相关的组件

（11）运行，完成后选择"SET UP WEB SERVICE"中的"Deploy Web Service"（如图 10-11 所示）。

图 10–11　选择"SET UP WEB SERVICE"中的"Deploy Web Service"

（12）显示信息，选择"YES"（如图 10–12 所示）。

图 10–12　显示信息，选择"YES"

（13）跳转到其他页面，可以在"REQUEST / RESPONSE"中确认 API Key 及 API 的使用方法。在 App 中通过运行 API，进行二次学习（如图 10–13 所示）。

图 10–13　在 App 中通过运行 API 进行二次学习

用 Web API 更新公开的分类器（模型更新）

对于未通过 Web API 公开的模型，在前一节已经讲过，可以通过二次学习的方式提高精度。但是一旦公开 Web API，就无法使用前一节所讲述的二次学习的方法进行已公开模型的更新。

那么，接下来，就针对如何更新已公开 Web API、提高预测精度的方法进行说明。

（1）为了更新模型，生成并使用".iLearner"文件。通过"Train Model"生成".iLearner"文件，并添加至已训练分类器中。首先新建想要公开的模型，做好准备工作，从而提取出".iLearner"文件。

由于本次也从动态的最新数据中制作分类器，所以通过 Reader 组件进行输入。构建模型如图 10-14 所示。其中，从"Train Model"中输出".iLearner"文件。

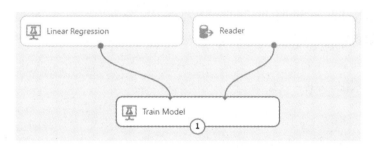

图 10-14　构建模型

（2）从已建模型发行为了进行二次学习的 API。选择"SET UP WEB SERVICE"中的"Retraining Web Service"（如图 10-15 所示）。

图 10-15　从已建模型发行为了进行二次学习的 API

（3）在模型中追加、自动添加"Web service input"和"Web Service output"（如图 10–16 所示）。

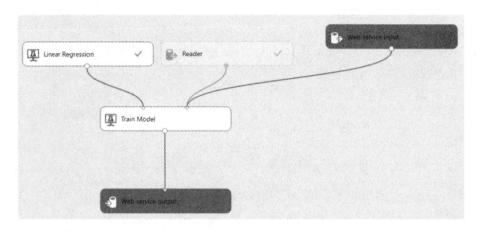

图 10–16　在模型中追加、自动添加"Web service input"和"Web Service output"

（4）本次的输入数据来自 Reader，所以删除"Web Service input"。从"Train Model"的输出是必要的，因此保留"Web service output"。点击"RUN"运行，确认有无错误（如图 10–17 所示）。

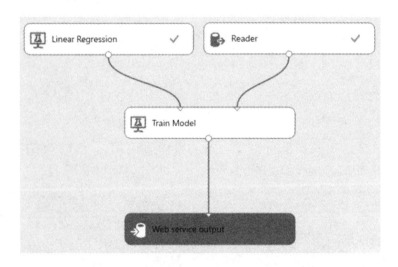

图 10–17　点击"RUN"运行，确认有无错误

（5）运行结束后，选择"SET UP WEB SERVICE"中的"Deploy Web Service"（如图 10–18 所示）。

图 10–18　选择"SET UP WEB SERVICE"中的"Deploy Web Service"

（6）显示信息，选择"YES"（如图 10–19 所示）。

图 10–19　选择"YES"

（7）跳转至其他页面，显示以下内容。经由 API 提取".iLearner"文件的准备工作完成（如图 10–20 所示）。

图 10–20　准备工作完成跳转至其他页面

（8）接下来，在已公开的 Web API 中做模型更新的准备。一般情况下，会认为是在默认的结束节点处公开 Web API，但是此时是无法在 Web API 的默认结束节点更新分类器的。由此，需要添加新的结束节点。移动至 Azure 的旧门户（经典门户），从左侧菜单点击"Machine Learning"，选择欲更新的已公开 Web API 工作区（如图 10-21 所示）。

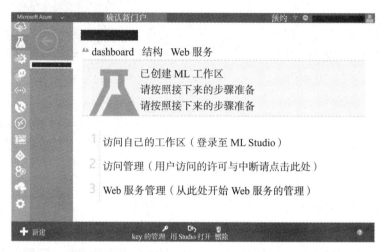

图 10-21　选择欲更新的已公开 Web API 工作区

（9）选择"WEB 服务"，点击已公开 Web API（如图 10-22 所示）。

图 10-22　点击已公开 Web API

（10）点击"添加结束节点"（如图 10–23 所示）。

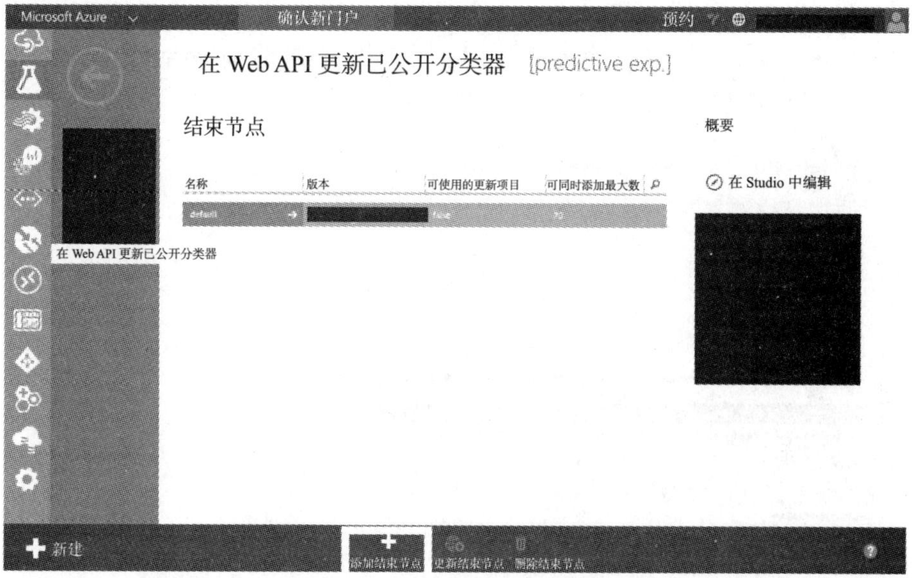

图 10–23　点击"添加结束节点"

（11）命名，点击确认按钮。添加结束节点，由此就可以在已公开 Web API 上进行更新（如图 10–24 所示）。

图 10–24　命名后点击确认按钮

（12）接下来，需要提前获取信息，以要求新创建（输出".iLearner"文件）的 API（如图 10–25 所示）。打开"Azure ML Studio"，从左侧菜单选择"Web Service"。然后打开上述步骤（7）所创建的 API 的 dashboard，保存"API Key"。然后点击"BATCH EXCUTION"。

图 10–25　新创建的 API

（13）以下界面打开后，将 Request URI 一栏中的"https:// ～～ .service. azureml.net/workspaces/ ～～ /service/ ～～ /jobs"部分保存（如图 10–26 所示）。

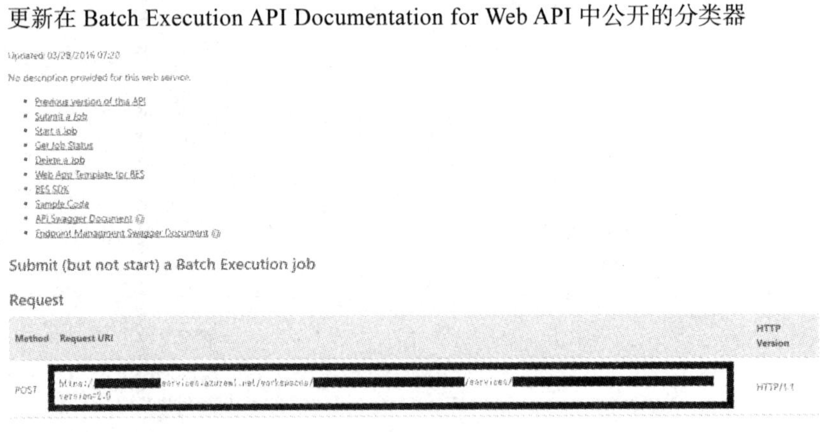

图 10–26　部分保存"https:// ～～ .service. azureml.net/workspaces/ ～～ /service/ ～～ /jobs"

（14）移动至 Azure 的旧门户（经典门户），从左侧菜单点击"Machine Learning"后选择"Web 服务"。之后，打开步骤（11）中添加的结束节点的 dashboard，保存图 10-27 所示界面下方的"API Key"后，点击"资源更新"。

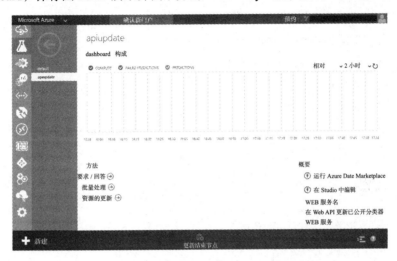

图 10-27　保存"API Key"后点击"资源更新"

（15）显示以下界面后，将"Resource Name"和"Request URI"中的"https:// ~~~.service.azureml.net/workspaces/ ~~~ /webservice/ ~~~ /endpoints/ ~~~"部分保存（如图 10-28 所示）。

更新在 Batch Execution API Documentation for Web API 中公开的分类器（Predictive Exp）

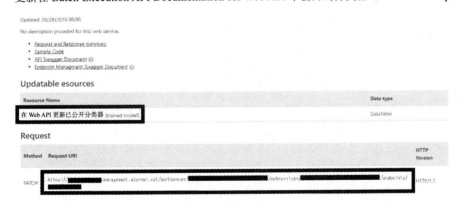

图 10-28　部分保存"https:// ~~~.service.azureml.net/workspaces/ ~~~ /webservice/ ~~~ /endpoints/ ~~~"

（16）为了临时保存".iLearner"文件，需要使用"Azure BLOB"存储器。因此需要创建 BLOB 存储器的存储器账户和容器，保存"存储器账户名""访问密钥"和"容器名"。由此所有的准备工作已经完成。接下来是从项目中要求 Web API，进行更新操作。以下是项目样本。请在 Program1.cs 的"class Program"中，记录迄今为止的准备作业中保存的各种信息。在本项目中，最开始先让模型学习最新数据，生成".iLearner"文件，保存至"Azure BLOB"存储器中。然后让已保存".iLearner"文件作用于 Web API，并进行处理。由于本项目样本是用 C# 编写的，所以请在"Visual Studio"中进行编程，在台式计算机等运行（编程环境也可以是"Visual Studio Community"）。项目运行结束后，就完成了模型更新的全部工作。通过对比更新前后 Web API 预测值的变化，确认已更新。

```
Program1.cs
Using Newtonsoft.Json;
using System;
using System.Collections.Generic;
using System.Net.Http;
using System.Net.Http.Headers;
using System.Text;

namespace ConsoleApplication
{
    class AzureMlApiCaller
    {
        public static T Post<T>(string uri, string apiKey)
        {
            var request = new Dictionary<string, string>();
            return Post<T>(uri, apiKey, request);
        }

        public static T Post<T>(string uri, string apiKey, object data)
        {
            using (HttpClient client = new HttpClient())
            {
                client.DefaultRequestHeaders.Authorization = new AuthenticationHeaderValue("Bearer", apiKey);
                var response = client.PostAsJsonAsync(uri, data).Result;
                if (!response.IsSuccessStatusCode) throw new Exception();
                return response.Content.ReadAsAsync<T>().Result;
            }
        }

        public static T Get<T>(string uri, string apiKey)
        {
            using (HttpClient client = new HttpClient())
            {
                client.DefaultRequestHeaders.Authorization = new AuthenticationHeaderValue("Bearer", apiKey);
                var response = client.GetAsync(uri).Result;
```

```csharp
                    if (!response.IsSuccessStatusCode) throw new Exception();
                    return response.Content.ReadAsAsync<T>().Result;
                }
            }

            public static T Patch<T>(string uri, string apiKey, object data)
            {
                using (var client = new HttpClient())
                {
                    client.DefaultRequestHeaders.Authorization = new AuthenticationHeaderValue("Bearer", apiKey);
                    using (var request = new HttpRequestMessage(new HttpMethod("PATCH"), uri))
                    {
                        var json = JsonConvert.SerializeObject(data);
                        request.Content = new StringContent(json, Encoding.UTF8, "application/json");
                        var response = client.SendAsync(request).Result;
                        if (!response.IsSuccessStatusCode) throw new Exception();
                        Thread.Sleep(15000);
                        return response.Content.ReadAsAsync<T>().Result;
                    }
                }
            }
        }

        class Program1
        {
            static void Main(string[] args)
            {
                var model = new RetainManager.Model
                {
                    RetrainApiKey = "Retraining的API Key",
                    RetrainApiUri = "Retraining的Request URI",
                    TrainedModelName = "Predictive的Resource Name",
                    PredictiveApiKey = "Predictive的API Key",
                    PredictiveApiUri = "Predictive的Request URI",
                    StorageAccountKey = "Storage 账户名",
                    StorageAccountAccessKey = "Storage 访问密钥",
                    StorageAccountContainerName = 容器名
                };
                var manager = new RetainManager(model);
                manager.Retrain();
            }
        }
    }
```

设置在（7）中显示的信息

设置在（14）（15）中显示的信息

设置在（6）中创建 BLOB 存储器的信息

RetainManager.cs
```csharp
using System;
using System.Collections.Generic;
using System.Linq;
using System.Threading;

namespace ConsoleApplication
{
```

```csharp
class RetainManager
{
    public class Model
    {
        public string RetrainApiUri { get; set; }
        public string RetrainApiKey { get; set; }

        public string TrainedModelName { get; set; }
        public string PredictiveApiUri { get; set; }
        public string PredictiveApiKey { get; set; }

        public string StorageAccountKey { get; set; }
        public string StorageAccountAccessKey { get; set; }
        public string StorageAccountContainerName { get; set; }
    }

    private const int checkApiJobStatusIntervalMiliseconds = 1000;
    private string _retrainApiKey;
    private string _retrainApiUri;
    private string _trainModelname;
    private string _predictiveApiKey;
    private string _predictiveApiUri;
    private string _storageAccountName;
    private string _storageAccountKey;
    private string _storageContainerName;

    public RetainManager(Model model)
    {
        _retrainApiKey = model.RetrainApiKey;
        _retrainApiUri = model.RetrainApiUri;
        _trainModelname = model.TrainedModelName;
        _predictiveApiKey = model.PredictiveApiKey;
        _predictiveApiUri = model.PredictiveApiUri;
        _storageAccountName = model.StorageAccountKey;
        _storageAccountKey = model.StorageAccountAccessKey;
        _storageContainerName = model.StorageAccountContainerName;
    }

    public void Retrain()
    {
        // 获得 batch API 的 Job ID
        var jobId = GetRetrainJobId();

        // 要求 batch API, 开始生成更新后的分析模型
        StartRetrainJob(jobId);

        // 输出 batch API 的工作情况，结束后返回结果
        var reference = WaitRetrainJobComplete(jobId);

        // Predictive Web API 要求 Web API ( 资源更新 )
        UpdatePredictiveApi(reference);
    }

    /// <summary>
    /// 获得 batch API 的 Job ID
```

```csharp
/// </summary>
string GetRetrainJobId()
{
    var uri = _retrainApiUri + "?api-version=2.0";
    var request = new Dictionary<string, object>
    {
        {
            "Outputs", new Dictionary<string, AzureBlobDataReference>
            {
                {
                    "output1", new AzureBlobDataReference
                    {
                        ConnectionString = string.Format("DefaultEndpointsProtocol=https;AccountName={0};AccountKey={1}", _storageAccountName, _storageAccountKey),
                        RelativeLocation = string.Format("/{0}/output1results.ilearner", _storageContainerName)
                    }
                },
            }
        },
        {
            "GlobalParameters", new Dictionary<string, string>()
        }
    };
    return AzureMlApiCaller.Post<string>(uri, _retrainApiKey, request);
}

/// <summary>
/// 要求 batch API，开始生成更新后的分析模型
/// </summary>
void StartRetrainJob(string jobId)
{
    var uri = _retrainApiUri + "/" + jobId + "/start?api-version=2.0";
    AzureMlApiCaller.Post<string>(uri, _retrainApiKey);
}

/// <summary>
/// 输出 batch API 的工作情况，结束后返回结果
/// </summary>
AzureBlobDataReference WaitRetrainJobComplete(string jobId)
{
    while (true)
    {
        var uri = _retrainApiUri + "/" + jobId + "?api-version=2.0";
        var status = AzureMlApiCaller.Get<BatchScoreStatus>(uri, _retrainApiKey);
        switch (status.StatusCode)
        {
            case BatchScoreStatusCode.Finished:
                return status.Results.First().Value;
            case BatchScoreStatusCode.Failed:
```

```csharp
                        var errorMessageA = string.Join("\r\n",
                            string.Format("Job {0} failed!", jobId),
                            string.Format("Error details: {0}", status.Details)
                        );
                        throw new Exception(errorMessageA);
                    case BatchScoreStatusCode.Cancelled:
                        var errorMessageB = string.Format("Job {0} cancelled!", jobId);
                        throw new Exception(errorMessageB);
                    default:
                        break;
                }
                Thread.Sleep(checkApiJobStatusIntervalMiliseconds);
            }
        }

        /// <summary>
        /// 要求资源更新
        /// </summary>
        void UpdatePredictiveApi(AzureBlobDataReference reference)
        {
            var resourceLocations = new
            {
                Resources = new []
                {
                    new
                    {
                        Name = _trainModelname,
                        Location = new AzureBlobDataReference
                        {
                            BaseLocation = reference.BaseLocation,
                            RelativeLocation = reference.RelativeLocation,
                            SasBlobToken = reference.SasBlobToken
                        }
                    }
                }
            };
            AzureMlApiCaller.Patch<string>(_predictiveApiUri, _predictiveApiKey, resourceLocations);
        }

        enum BatchScoreStatusCode
        {
            NotStarted,
            Running,
            Failed,
            Cancelled,
            Finished
        }

        class BatchScoreStatus
        {
            public BatchScoreStatusCode StatusCode { get; set; }
```

```csharp
        public IDictionary<string, AzureBlobDataReference> Results { get; set; }
        public string Details { get; set; }
    }

    class AzureBlobDataReference
    {
        public string ConnectionString { get; set; }
        public string RelativeLocation { get; set; }
        public string BaseLocation { get; set; }
        public string SasBlobToken { get; set; }
    }
}
```

附录

使用 Azure ML 的方法

接下来，将针对之前在本书中没有介绍的、开始使用 Azure ML 之前的步骤和实际花费的费用进行说明。

创建环境

在使用 Azure ML 之前,需要注册账户。在此,我们从完全空白的状态下开始讲解使用 Azure ML 的步骤。

创建 Microsoft 账户

要想使用 Azure 服务,必须要有 Microsoft 账户。

(1)访问网址 https://signup.live.com/,创建 Microsoft 账户。

(2)输入必填项,点击"创建账户"(如图 A-1 所示)。

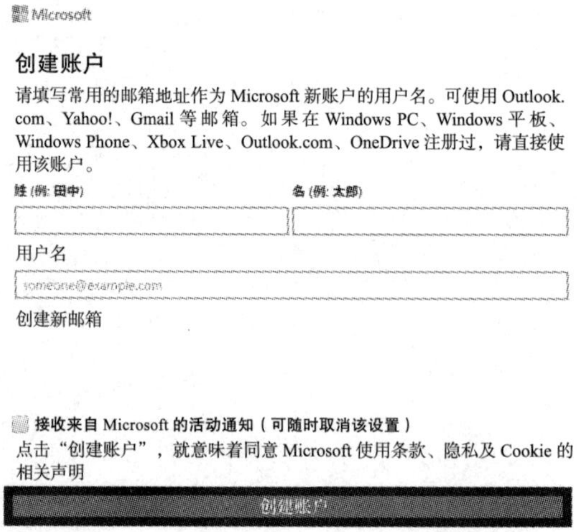

图 A-1 输入必填项,点击"创建账户"

激活订阅

开始 Azure 订阅服务时需要输入"手机号码"和"信用卡账户"。但是不输入以上两种信息依然可以使用 Azure ML 的方法,我们将在随后的"免费使用"部分中予以说明。

(1)访问 Microsoft 的官网,点击"免费试用"(如图 A-2 所示)。

图 A-2　访问 Microsoft 的官网,点击"免费试用"

(2)点击"立即购买"的链接(如图 A-3 所示)。

图 A-3　点击"立即购买"的链接

（3）点击从量收费制度下方的"立即购买"（如图 A–4 所示）。

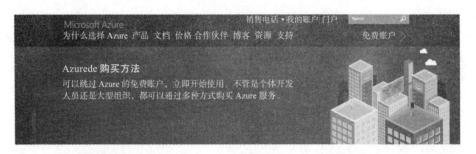

图 A–4　点击从量收费制度下方的"立即购买"

（4）此时需要登录，用刚才创建的 Microsoft 账户登录（如图 A–5 所示）。

图 A–5　用创建的 Microsoft 账户登录

（5）用创建的 Microsoft 账户登录显示 Azure 激活订阅信息，在"个人信息"中填入姓名、电话号码等（如图 A–6 所示）。

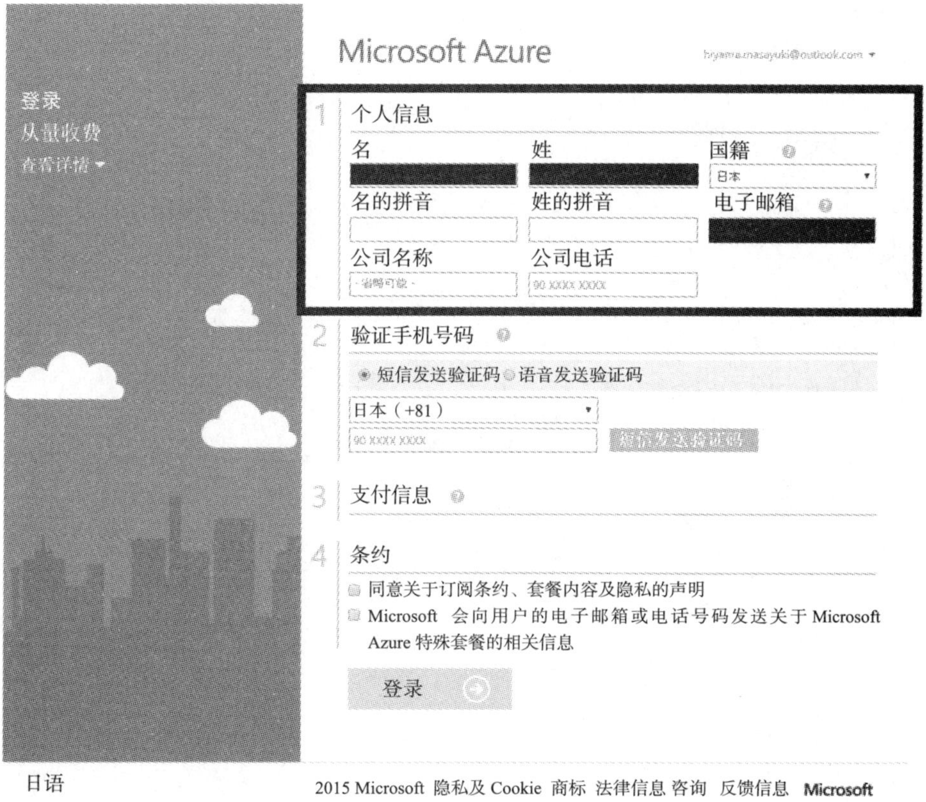

图 A-6　填入"个人信息"

（6）在"手机号码验证"一栏中进行手机号码验证。输入手机号码后，会向手机号码发送验证码短信，点击"短信发送验证码"（如图 A-7 所示）。

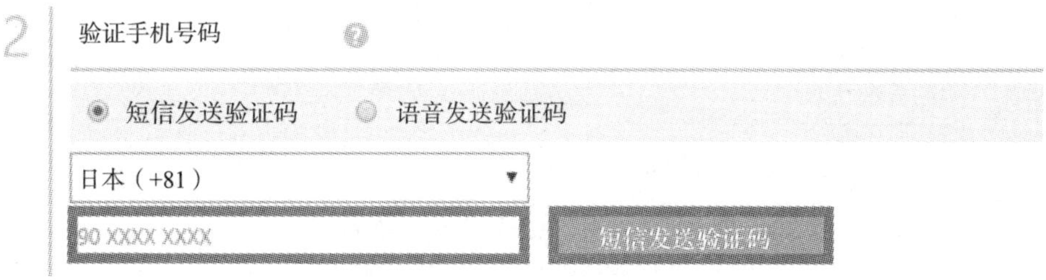

图 A-7　进行手机号码验证

（7）在手机号码下方输入收到的验证码，点击"确认验证码"（如图A-8所示）。

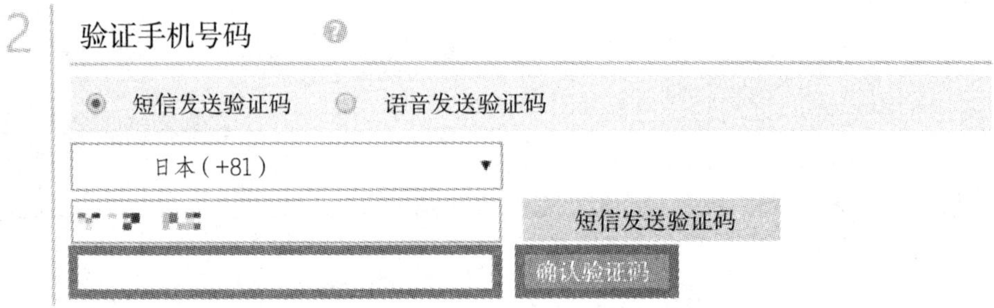

图 A-8　点击"确认验证码"

（8）在支付信息一栏输入信用卡信息（如图A-9所示）。

图 A-9　输入信用卡信息

（9）在"条约"一项中，勾选"同意激活订阅"，并点击"订阅"（如图A-10所示）。

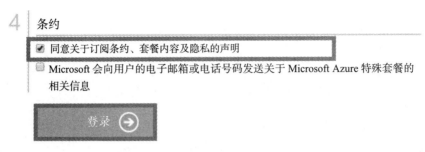

图 A-10 勾选"同意激活订阅"并点击"订阅"

（10）显示订阅管理界面。信息显示为正在订阅中，此时还无法使用订阅（如图 A-11 所示）。

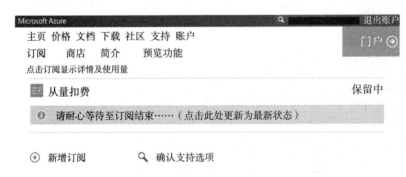

图 A-11 显示订阅管理界面

（11）当信息显示为"对于该订阅～"时，即可使用订阅。点击"门户"即可访问管理门户（如图 A-12 所示）。

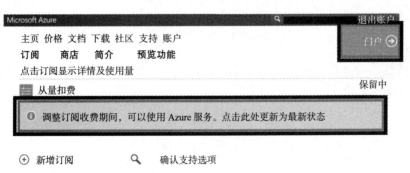

图 A-12 点击"门户"即可访问管理门户

登录 Azure

撰写本书之时，只能使用 Azure ML 的经典门户。即便是从新的 Azure 管理门户选择 Azure ML，也会跳转至经典门户。登录 Azure 的步骤如下。

（1）访问网址 https://manage.windowsazure.com/，登录 Azure 的经典门户。如果是从经典门户开始，请直接跳转到创建工作区的部分。

（2）请访问网址 https://portal.azure.com/，登录至管理门户。

（3）输入激活订阅时使用的 Microsoft 账户进行登录，点击"登录"按钮（如图 A–13 所示）。

图 A–13　进行登录

（4）成功登录后显示管理门户（如图 A–14 所示）。

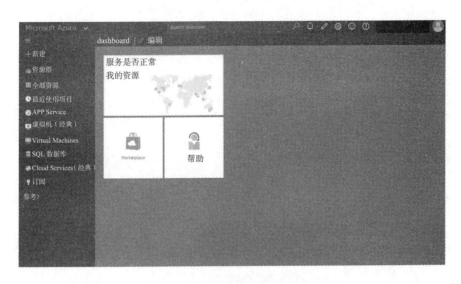

图 A–14　成功登录后显示管理门户

（5）点击界面左下方的"参考"，在筛选程序的文本框中输入"Machine Learning"后，点击所显示的"Machine Learning 工作区"（如图 A–15 所示）。

图 A–15　点击所显示的"Machine Learning 工作区"

（6）点击后移动至经典门户（如图 A–16 所示）。

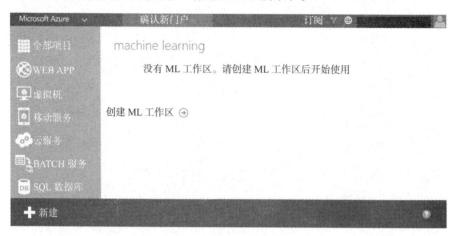

图 A–16　创建 ML 工作区

创建工作区

使用 Azure ML 时需要创建工作区，具体步骤如下。

（1）点击界面左下方的"+ 新建"（如图 A–17 所示）。

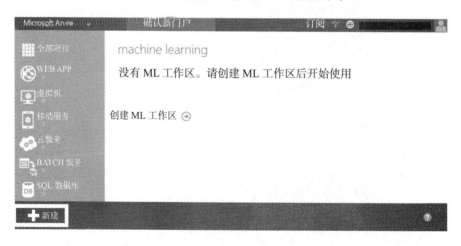

图 A–17　点击界面左下方的"+ 新建"

（2）显示新建服务菜单。由左向右依次单击"DATA-SERVICES"→"MACHINE LEARNING"-"新建"。输入、选择所创建 Azure ML Studio 的"工作区名称"及"地点"。然后为了存储学习信息，指定存储器账户。如果选择地址中无想要的存储器账户，选择"新建存储器账户"，输入"新存储器账户名"，即可同时在 Azure ML Studio 中创建存储器账户。输入完成后，点击菜单右下方的"创建 ML 工作区"（如图 A-18 所示）。

图 A-18　显示新建服务菜单

（3）显示以下信息后（如图 A-19 所示）即完成工作区的创建。

图 A-19　完成工作区的创建

访问 Azure ML Studio

访问在 Azure ML Studio 中创建的工作区，即可开始 Azure ML，具体步骤如下。

（1）从管理门户左侧菜单中选择"MACHINE LEARNING"，选择已创建的工作区，点击界面下方的"用 STUDIO 打开"（如图 A-20 所示）。

图 A–20　选择已创建的工作区，点击界面下方的"用 STUDIO 打开"

（2）成功访问 Azure ML Studio。初次访问时，会被问及是否需要展开旅行（新手入门），点击"Take Tour"就开始旅行，点击"Not Now"就关闭窗口。但是如果勾选"Don't show me this again"后，再点击"Not Now"，即不会再显示该窗口。在此，我们点击"Not Now"（如图 A–21 所示）。

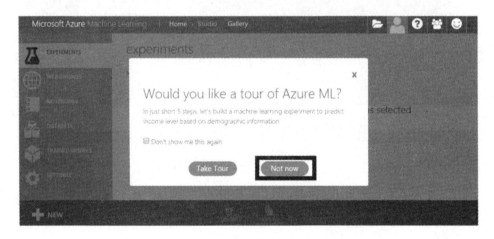

图 A–21　成功访问 Azure ML Studio

（3）显示新建菜单。由此即可开始使用 Azure ML Studio（如图 A–22 所示）。

附录　使用 Azure ML 的方法

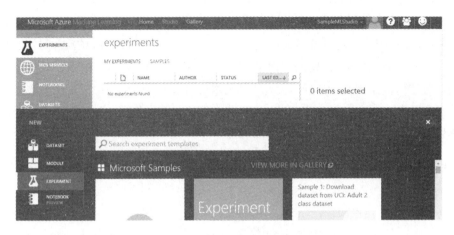

图 A-22　显示新建菜单

关于收费

Azure 的所有内容均为从量收费，因此仅仅登录的状态下并不会产生费用。接下来就针对使用 Azure ML 时在什么部分产生费用进行说明。具体情况可登录网址 https://azure.microsoft.com/ja-jp/pricing/details/machine-learning/ 确认 Azure ML 的收费表。

一般情况下，Azure ML 为标准套餐，具体情况详见表 A-1（截至 2016 年 4 月）。

表 A-1　Azure ML 收费表

ML Sheet Subscription	按月收费	1018.98 日元 /sheet/ 月
使用 ML Studio	按时间收费	102 日元 /Studio 试验时间
使用 ML API	按时间收费	204 日元 / 实际工作 API Compute 时间
	按处理量收费	51 日元 /1000 实际工作 API 处理量

ML Sheet Subscription 是 Azure ML Studio 的工作表，每月需要向每一个 Azure ML Studio 支付 1019 日元。使用 Azure ML Studio 的 Studio 试验时间并不是打开 Azure ML Studio 的时间，而是为了运行所建模型，点击"RUN"后实际的运行处理时间。因此，处理超大规模的数据或者进行深层学习时，可能要交几个小时的费用。另外，相比在 Azure ML 内处理学习前的数据，如果能提前处理，从时间上和成本上来看都是比较高效的。

免费使用

（1）在 Azure ML 中也有免费使用的工作区。请访问网址 https://studio.azureml.net/，点击"Sign In"（如图 A–23 所示）。

图 A–23　免费使用工作区

（2）没有激活 Azure 订阅的账户也可以登录后使用 Free-Workspace（如图 A–24 所示）。

图 A–24　使用 Free-Workspace

（3）请点击网址 https://azure.microsoft.com/ja-jp/pricing/details/machine-learning/ 确认免费使用的工作区在功能上的限制。

北京阅想时代文化发展有限责任公司为中国人民大学出版社有限公司下属的商业新知事业部，致力于经管类优秀出版物（外版书为主）的策划及出版，主要涉及经济管理、金融、投资理财、心理学、成功励志、生活等出版领域，下设"阅想·商业""阅想·财富""阅想·新知""阅想·心理""阅想·生活"以及"阅想·人文"等多条产品线。致力于为国内商业人士提供涵盖先进、前沿的管理理念和思想的专业类图书和趋势类图书，同时也为满足商业人士的内心诉求，打造一系列提倡心理和生活健康的心理学图书和生活管理类图书。

阅想·商业

《AI：人工智能的本质与未来》

- 自人工智能的概念诞生以来，强人工智能甚至是超人工智能真的要成为我们的终极梦想吗；
- "奇点即将到来，机器将变得比人类更聪明"，这是一种夸大其词的宣传，还是我们真的应该对此保持警惕；
- 在人工智能日益成熟的今天，我们该如何选择人工智能的未来？人类的历史将被人工智能带向何方？

《未来生机：自然、科技与人类的模拟与共生》

- 从 Google 到 Zoogle，关于自然、科技与人类"三体"博弈的超现实畅想和未来进化史；
- 中国科普作家协会科幻创作社群——未来事务管理局，北京科普作家协会副秘书长陈晓东，北师大教授、科幻作家吴岩倾情推荐。

《好奇心：保持对未知世界永不停息的热情》

- 《纽约时报》《华尔街日报》《赫芬顿邮报》《科学美国人》等众多媒体联合推荐；
- 一部关于成就人类强大适应力的好奇心简史；
- 理清人类第四驱动力——好奇心的发展脉络，激发人类不断探索未知世界的热情。

《基因泰克：生物技术王国的匠心传奇》

- 生物技术产业开山鼻祖与领跑者——基因泰克官方唯一授权传记；
- 精彩再现基因泰克从默默无闻到走上巅峰的跌宕起伏的神奇历程；
- 本书有很多精彩的访谈节选，与故事叙述相辅相成，相得益彰。写作收放自如，既有深入的描写，又有独到的总结，生动地描写了高新技术企业创业时期的困惑与愉悦。

《颠覆性医疗革命：未来科技与医疗的无缝对接》

- 一位医学未来主义者对未来医疗 22 大发展趋势的深刻剖析，深度探讨创新技术风暴下传统医疗体系的瓦解与重建；
- 硅谷奇点大学"指数级增长医学"教授吕西安·恩格乐作序力荐。
- 医生、护士以及医疗方向 MBA 必读。

SAWATTE WAKARU KIKAI GAKUSHU AZURE MACHINE LEARNING JISSEN GUIDE written by Hiroshi Senga, Kazuki Yamamoto, Fumitaka Oosawa.

Copyright©2016 by Hiroshi Senga, Kazuki Yamamoto, Fumitaka Oosawa. All rights reserved.

Originally published in Japan by Nikkei Business Publications, Inc.

Simplified Chinese edition copyright©2017 by China Renmin University Press Co., Ltd.

Simplified Chinese translation rights authorised by Hiroshi Senga, Kazuki Yamamoto, Fumitaka Oosawa, arranged with Nikkei Business Publications, Inc. through Bardon Chinese Media Agency.

本书中文简体字版由日经BP社通过博达授权中国人民大学出版社在中华人民共和国境内（不包括香港特别行政区、澳门特别行政区和台湾地区）出版发行。未经出版者书面许可，不得以任何方式抄袭、复制或节录本书中的任何部分。

版权所有，侵权必究